運用平衡計分卡建構高效執行平臺

財務 × 客戶 × 流程 × 成長

聞毅 著

全方位解析平衡計分卡，掌握策略執行的關鍵

從概念到行動，讓策略真正發揮作用
突破業績瓶頸，藉由平衡計分卡聚焦客戶價值
提升績效管理流程，實現企業成長
建立穩固的策略執行平臺，與時俱進，掌握核心競爭力

目 錄

前言　策略落實的途徑和工具

第一部分　用平衡計分卡聚焦客戶價值實現

010　第一章　澄清策略執行觀念

024　第二章　平衡計分卡，業績突破的工具

第二部分　重新解讀平衡計分卡的四個層面

036　第三章　財務層面是起點，關注如何成長

048　第四章　客戶層面是重點，關注價值主張

069　第五章　內部流程，聚焦價值實現

099　第六章　以學習成長為出發點，聚焦能力提升

第三部分　新平衡計分卡的創新應用與實踐

130　第七章　繪製策略地圖，規劃策略執行

156　第八章　制定平衡計分卡，落實策略執行

第四部分　用新平衡計分卡建立策略執行平臺

188　第九章　追蹤平衡計分卡,控制策略執行

204　第十章　鞏固組織能力,平衡持續發展

後記

前言　策略落實的途徑和工具

　　年度經營計畫可謂是企業管理的重頭戲，記得過去在聯想集團，公司從上到下、從下至上的經營計畫制定，需要持續將近 3 個月的時間。聯想如此重視經營計畫，不是沒有道理。經營目標決定了管理層的注意力，計畫預算決定了資源的投向，而績效計畫則關係到每位員工的切身利益。這些工作事先不做好，而去盲目地執行，真是累死三軍也徒勞。

　　其實，作為一個承上啟下的環節，經營計畫不僅決定了來年的工作，而且還決定了長遠的策略如何落實。年度經營計畫需要明確來年我們為執行策略要做什麼，要完成什麼目標。不管是在聯想、IBM，還是在華為、GE，優秀的企業都有一個共同的管理理念，即企業管理＝績效管理＝策略執行。

　　那麼，如何做好年度的經營計畫？

　　這首先需要了解，經營目標、計畫預算以及績效計畫不能成為獨自為政的三件事，而需要透過建立策略性的績效管理系統，將這三件事情串聯為一件事。所謂卓越企業的成功，其實沒有什麼訣竅，只不過能澄清認知，扎扎實實地建立一套從目標制定到績效考核的完整流程，然後重複、重

複、再重複。反觀有些企業，各項管理活動割裂，並且無章可循，業績難以突破，也不是沒有原因。

其次需要掌握管理工具。績效管理目前企業都在實行，但效果令人失望，原因就在於缺少管理工具的應用，導致出現諸多的問題，主要有三個：

（1）所制定的經營目標沒有與客戶價值掛鉤，讓目標失去來源，讓考核失去價值。

（2）對部門的考核只關心上級任務的落實，而忽略了部門間目標的協調，在機制上讓各部門獨自為政，埋下了衝突的種子。

（3）職位績效計畫與企業經營目標失去直接的連繫，難以協調和聚焦每個人的力量，以實現客戶價值。

平衡計分卡（Balanced Scorecard；BSC）是我們用於管理策略執行、制定經營計畫的一個有效工具。要用好它，就得真正理解它。平衡計分卡能執行策略，是因為平衡計分卡之策略地圖能連結策略。如果不能根據策略設計的要素，真正理解策略地圖每個層面的具體策略含義，要繪製好策略地圖，進而用好平衡計分卡，基本上是不可能的。

所以，本書將完全不同於其他績效管理書籍，將真正從策略的高度出發，理解和應用平衡計分卡。同時，從總經理的角度，講授如何設計目標系統和如何建立管理流程。第一

部分，將介紹策略執行的基礎知識，澄清認知，理清思路；第二部分將具體介紹平衡計分卡四個層面所包含的策略要素；第三部分將介紹如何應用平衡計分卡，建立一套協調一致的從上至下的績效考核目標系統；第四部分，將介紹如何進行策略執行的日常管理，以及如何提升企業的組織能力。

此外，筆者認為，柯普朗（Robert S.Kaplan）的平衡計分卡作為一種管理理論是偉大的、劃時代的，但在整體的應用思路和具體的應用細節上，還有一些關鍵問題需要解決。筆者根據管理諮商實務開發了一套適用於亞洲企業，更加簡單和直接的平衡計分卡應用模型──「聞氏計分卡」，同時也開發了一套應用平衡計分卡的管理流程系統──「5步二十法」。「聞氏計分卡」借鑑了柯普朗的思想，但與柯普朗所介紹的平衡計分卡設計與應用方法，都有明顯的不同。可以說，「聞氏計分卡」是對平衡計分卡的新解讀和新應用。

前言　策略落實的途徑和工具

第一部分
用平衡計分卡聚焦客戶價值實現

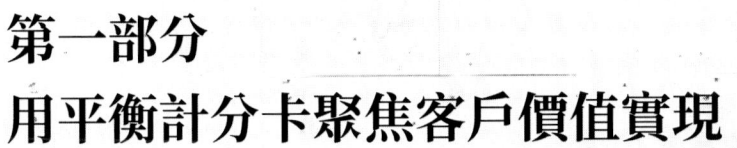

第一部分　用平衡計分卡聚焦客戶價值實現

第一章
澄清策略執行觀念

策略從執行的角度看就是行動

　　策略 × 執行＝業績。這是一條不變的公式。

　　執行以策略為前提，那麼，什麼是策略？

　　對於這樣簡單的問題，其實一直都沒有統一的答案。加拿大著名策略學家亨利・明茲伯格（Henry Mintzberg）在苦苦尋求解答之後，給我們的回答是，策略就是瞎子摸象。瞎子摸象的故事家喻戶曉，明茲伯格借用這個故事是想告訴我們，人們對策略的認識就如同瞎子摸象，沒人能夠具備認識策略這頭大象的「全像」，從而獲得對策略的全面認識，每個人從不同的角度看策略，都會得到不同的答案。

　　我們研究策略是為了企業的經營，關心策略是為了執行，所以就有必要從經營的角度看，從執行的角度看，策略是什麼？企業驗證策略執行的效果，研究策略執行的方法，這也是必須首先回答的問題。對此問題缺乏清晰的認知，而盲目強調所謂的策略執行，這樣在重點上必然模糊，在邏輯

上也必然混亂,其結果肯定也是南轅北轍。

從經營的角度看,策略的本質就是如何賺錢。一個企業在社會合法經營,要賺錢道路只有一條,就是要有客戶購買企業的產品和服務,這樣策略的核心就是客戶價值。那麼,從執行的角度看,策略是什麼呢?主要是三點,一是成長目標,二是客戶價值,三是行動方案,見圖1.1。不難看出,企業的成長目標要靠滿足客戶價值才能實現,而客戶價值的滿足要靠所採取的行動方案才能實現。

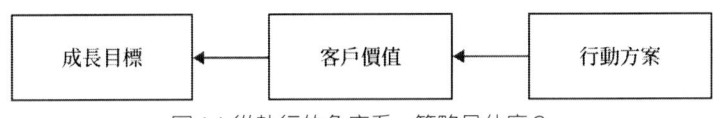

圖1.1 從執行的角度看,策略是什麼?

企業的發展不能沒有目標,但目標總是離得比較遠,而行動方案關係到企業每天的具體工作,每個人的具體工作。所以,進一步講,從執行的角度看,策略就是行動方案,行動方案是策略執行的基石。世界著名的策略諮商公司麥肯錫(McKinsey & Company)認為,Strategy was an integrated set of actions leading to a sustainable competitive advantage。意即,策略是一套相互協調的行動,旨在獲取可持續的競爭優勢。麥肯錫對策略的理解,可謂是一針見血,一語中的。

有些企業往往錯誤地認為,策略就是一個發展方向,或策略就是目標。所以,這些企業的策略,即使有成文的規

第一部分　用平衡計分卡聚焦客戶價值實現

劃，也大多是虛策略、假規劃。從事管理諮商工作十多年，筆者見過大量的企業策略規劃，經常發現的情況是，這些所謂的策略規劃，往往就是企業使命、願景、目標以及價值觀的集合，做得好一點的，會有基於總成長目標的分解目標和細化目標，然而，策略規劃基本也就到此打住，缺乏更重要的內容。

實際上，除了成長目標之外，策略規劃還要解決兩個問題。

一是，如何實現成長目標？

策略規劃的內容包含成長目標，但更重要的是如何實現成長目標的規劃。企業的策略規劃，一般應該包含營運策略規劃和發展策略規劃這兩個部分，營運策略是關於如何做好現在的事，發展策略是關於如何獲得新的成長點。兩個部分加起來，是為了實現企業的成長，並且兩者的核心都是客戶價值的實現。所以，策略規劃除了關於如何成長的問題，還必須回答的問題是，客戶價值是什麼如何？定位客戶價值？如何主張客戶價值？對這些問題沒有回答的所謂策略規劃，都是虛策略、假規劃。

二是，如何實現競爭優勢？

不管成長目標有多麼宏大，目標的實現必須要有競爭優勢作為保障。

所以，策略規劃必須要解決的第二個問題是，如何基於客戶價值，規劃自己的能力平臺，建構自己的核心競爭力，以保證客戶價值的實現，同時贏得競爭優勢。如果這種競爭優勢賴以存在的基礎，令對手無法模仿、超越，就能實現可持續的競爭優勢，獲得持續的高收益。這才是「不戰而屈人之兵」的真諦所在。

策略要實現必須透過執行，這是常識。現在的企業基本都有這樣的理念，不過理念要落實，則必須有管理系統作為保障。目前的情況是，很多企業缺乏策略管理的必要技能，導致理念談得很多，但實際情況一直難有真正的突破。

策略管理技能的缺乏，明顯的表現是，企業策略執行大多是由想法彙集而成的各自為政的做法，策略是模糊的，因而執行也是混亂的，讓企業的執行力在源頭上已大打折扣。為什麼會出現這種情況？分析下來，主要原因是，很多企業不知道策略設計與策略規劃的區別，認為策略設計完成，策略規劃也就結束。

其實，策略規劃包括兩個部分的工作。

一是，關於如何賺錢的策略設計。

這通常也叫做商業模式設計。設計的內容包含企業的策略目標、市場需求定義、客戶價值主張、競爭錯位、經營模式，以及能力平臺建構等一系列不可或缺的重點內容。

第一部分 用平衡計分卡聚焦客戶價值實現

有些管理人員認為，我們企業根本就沒有談過什麼策略，十幾年、二十幾年下來，不是照樣過得很好？這實在是一種膚淺的想法。著名策略學家麥可‧波特（Michael Eugene Porter）的觀點是，每個企業都有策略，只是以不同的形式存在，一種是顯性策略，如何賺錢經過明確的設計，並有正規文字以便對照執行；一種是隱性策略，企業憑著本能在賺錢，策略在無意識中被執行。

在競爭的環境中，只要企業存在，策略就像企業的影子時時跟隨。顯性策略的好處在於便於溝通、便於反思、便於檢查、便於調整，總之，便於策略的執行、調整和創新。所以，一旦業務變得複雜難以控制，一旦企業規模增大，就有必要將隱形策略轉化為顯性策略。

二是，關於如何實現策略設計的行動規劃。

所謂的策略執行就是遵照採取一系列的行動，以達成企業的策略目標。策略設計是綱領性檔案，行動規劃是執行性細則。沒有針對行動的規劃，就會導致策略行動缺少統一的協調和配合。在企業管理上，資源浪費，執行混亂，損耗過多，原因大多在此。

現在有一種錯誤的認知：認為策略太虛，策略規劃沒用。這實在是一種誤解，原因是企業策略規劃本身存在缺陷，即企業的策略規劃往往只關於目標，而沒有規劃關於如何實現

目標的行動方案，導致策略規劃不能指導現實的工作。

策略規劃不但要規劃協調一致的行動方案，而且還需對行動方案的執行，制定行動目標和考核指標，設立監控策略執行情況的「感測器」。策略規劃對行動方案規劃得越細緻、越明確，策略的可執行程度就越高。

策略執行的前提是策略明確，平衡記分卡之策略地圖是規劃策略行動的一個有效工具。本書將詳細介紹，如何繪製策略地圖以明確策略行動的執行要求。

策略執行系統的三大功能

在當前時代，企業的競爭是以策略為核心的系統能力競爭，致勝者將是有卓越策略管理能力的企業。為什麼這麼說？關鍵有四點：

1. 策略是企業適應環境的長生之道。成為一家基業長青的企業，必須具備卓越的策略管理能力，策略力就是企業的生命力。正如聯想集團的董事長柳傳志所說：「沒有策略，明天就吃不到飯；而策略不合理，也許今天就得餓死。」

2. 有策略才能獲得卓越的業績。行銷不是策略，行銷只能開創市場，策略才能贏得競爭。競爭策略的實質是消除競爭，差異化策略的實質則是放棄差異化。所以拚行銷的企業艱辛，有策略的企業才幸福。

3. 策略管理讓成功可以重複。策略管理可以減少經營決策的風險，讓成功透過系統的管理成為必然的輸出，而不再是偶然的機會主義的成功。

4. 管理始於策略。策略是激勵公司員工、統一主管的觀念、增強企業凝聚力的有力武器，目標引導企業的發展，策略則指引出企業發展的具體路徑。有了策略，企業目標的實現才具有可信度，企業的發展才在掌控之中。

在緩慢發展的環境中，競爭優勢可能主要集中在難以變化的行業競爭結構中。而在一個激烈、多變的「超競爭」環境下，前述競爭優勢可能只是暫時的，行業競爭格局會被各種外在的力量所打破。企業的長期競爭優勢，必須要透過一系列短期的競爭行為而累積起來。在超競爭環境下，速度、靈活性和改變陳舊策略的策略管理能力，是贏得競爭優勢的重要基礎。

從本質來看，競爭優勢使企業能以比競爭對手更低的成本和更快的速度，建構核心能力，使企業能夠即時地把握不斷變化的機遇。所以，如何迅速、有效地落實策略，關乎企業的成敗。如果說，組織能力就是企業的核心競爭力，那麼一套簡單、高效的策略執行系統，則是核心競爭力的「核心」。

策略執行系統是策略管理的具體方法，不僅具備上述四大意義，同時在日常經營中，還能實現如下三大功能：

第一點，實現客戶價值。

前面我們談到，策略的核心就是客戶價值。不管是經營策略，關於如何做好現在的事，還是發展策略，關於如何尋求新的成長點，最終都需要客戶「買單」才能實現。策略執行系統，需要將外在的客戶價值轉化為內部的經營目標。這也就是所謂策略績效管理「策略」二字的實質意義所在。其實在這一點上，處於激烈競爭環境中的企業都有本能的認知，都強調以客戶為導向，問題是，如何將理念落實。

第二點，協調內部目標。

企業經營目標不能層層分解落實到職位，那麼策略執行就成了總經理的「寂寞高手，孤獨求敗」。而企業部門之間橫向目標的不協調，將必然導致內部溝通協調難度增加，管理成本上升，市場反應遲緩。

很多人都有同感，管理不好的企業，做事不累，做人累，與人鬥氣最累。員工的精神都花在「關係」上，最終損毀的是企業價值。如果企業內部的目標協調，員工的關係和諧，大家工作起來就更加順心暢快，這其實不是薪酬單方面就能解決的問題。好的企業為什麼有吸引力，良好的內部工作氛圍，是非常重要的。

第三點，引導員工行為。

績效獎懲的機制，解決的是員工的態度問題：願不願意努

力工作？想不想努力工作？管理系統解決的是技術問題：員工知不知道工作的重點是什麼？工作的目標是什麼？策略執行系統，則透過機制和管理這兩種手段，透過績效激勵和目標落實這兩種方法，激發員工動力，達成「萬眾一心」的管理目的。所以，策略執行系統是一套力量調節系統。可以說，績效獎懲的機制是發動機，管理系統則是變速箱，發動機與變速箱的良好配合，才能為汽車帶來充足、即時、平順的動力。

總體來看，滿足客戶價值、協調內部目標、引導員工行為，策略執行系統的這三大功能，將最終幫助企業實現經營上的「低耗高效」。如此一來，我們的客戶能夠滿意，股東能夠滿意，員工能夠滿意，而只有我們的競爭對手不滿意了。

策略執行系統的重要性，企業應該充分理解，並且怎麼強調都不過分。但是企業在這方面往往做得不夠好，有很大的提升空間。畢竟，誰先發現問題和解決問題，誰就能及早獲得競爭優勢。這是企業超越競爭對手的機遇所在。

經過分析，我們發現企業管理策略執行，流程上常常存在三個致命的脫節。

策略執行管理的三個致命脫節

企業管理是一個整體，不乏策略、流程、組織、計畫預算、績效考核等各個階段的方法技能，企業也往往就某些細

第一章 澄清策略執行觀念

節強化管理,卻忽略了其中的關聯性,頭痛醫頭、腳痛醫腳,形成支離破碎的管理策略。

研究企業的運作,我們經常可以發現管理流程上的三個脫節,見圖1.2。

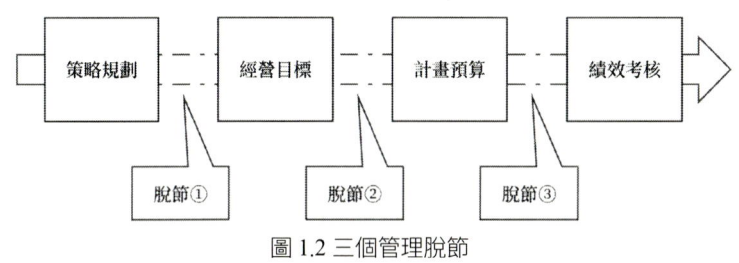

圖 1.2 三個管理脫節

脫節一,策略規劃與經營目標脫節,不能將長期的策略規劃無縫轉化為年度的執行目標。

策略規劃本身並不能被執行,執行策略首先需要將策略規劃轉化為年度的經營目標,明確執行策略:今年應該做什麼和達到什麼目標。年度目標與策略規劃脫節的現象在企業中非常多,曾有一個企業的總經理助理抱怨說:「企業的主管階層在日常工作中忘了策略規劃的要求」,其實這並不是忘記的問題,而是企業在經營目標制定上,根本就沒有承接策略規劃的明確執行要求。

需要特別指出的是,年度經營目標不是單一的財務目標,而是基於如何實現長期業績目標的一套策略目標系統,單一財務目標將無法展現策略行動方案在年度的執行要求。

019

第一部分　用平衡計分卡聚焦客戶價值實現

年度經營目標系統的基本架構，是基於平衡計分卡策略地圖的四個層面。年度經營目標的達成情況，將透過平衡計分卡上的關鍵績效指標，得以衡量和控制。如此一來，企業得以即時了解策略執行的情況，也能即時對策略進行改善和調整，而不是讓策略執行處於一種放任自流的狀態。

脫節二，計畫預算與經營目標脫節，不能圍繞目標制定計畫，根據計畫定預算。

年度經營目標的實現需要得到經營計畫和財務預算的保障。

年度經營計畫和預算，是關於如何實現年度經營目標的詳細工作計畫，需要明確規定每個部門在策略執行中，今年應該做什麼，達到什麼目標。因為企業的經營目標都需要化解為各個部門的工作。計畫的制定是為了實現目標，預算是為了保障工作計畫的順利執行。道理雖然如此簡單，但企業往往還沒做到。

制定年度經營計畫和預算的過程，其實就是經營目標向下分解的過程。這種分解必須保持縱向一致，即下層目標支持上層目標的實現，這種分解還必須保證橫向協調，即部門與部門之間的目標能夠相互支持和配合，不能打架。

如果說，策略規劃是綱領性檔案，年度經營計畫和預算則是執行性檔案。策略規劃作為未來幾年的總體經營計畫，

為年度經營計畫和預算的制定提供指導，以保證每年經營計畫在內容上的連續性和資源投入上的一貫性。將策略規劃轉化為現實的行動，年度經營計畫和預算是實現的途徑，只有每年年度經營目標的達成，策略規劃的長期目標才能達成。

脫節三，績效考核與計畫預算脫節，策略執行的具體任務，不能落實到職位。

年度經營目標的達成需要全員的參與，這需要將年度經營目標再分解和落實到員工。員工透過將企業和部門的策略目標融入個人的績效計畫之中，將個人的工作「協調」到策略執行的主節奏上，在日常工作中，透過個人績效目標的完成，而層層推進企業策略目標的達成。這其實就是策略績效管理的精髓所在。

目前很多企業所實施的，是職位績效考核，通常做法是根據職位職責確定考核指標和目標。這樣一種考核標準的制定，讓個人績效考核目標與企業的策略目標之間失去直接而有效的連結，讓個人和部門的努力方向不能與企業的策略目標協調一致。這種績效管理，不能直接幫助企業達成策略目標，從而也讓績效管理失去了真正的意義。

策略規劃、計畫預算（含經營目標）以及績效考核是企業管理的基礎。可以看出，雖然策略規劃、計畫預算與績效考核是三個不同的管理模組，各自服務的對象不同，工作的

內容不同,但是其工作的核心是一脈相承、前後呼應、首尾相連的。策略規劃是制定經營目標時的基本要素,經營目標是制定計畫預算時的必備前提,計畫預算是制定績效考核時的必要條件,績效考核最後又為策略的更新與調整提供參考基礎。反過來,績效考核是計畫預算落實的手段,計畫預算是實現經營目標的保障,經營目標是實現策略規劃的階段性成果。

因此,儘管是三種不同的管理模組,然而所有的工作都是以策略為導向,並為策略管理提供服務。策略執行系統就像一支竹筷,將這幾個概念從中串起。企業需要用三位一體的思考方式,用一套管理系統將三種管理模組貫穿起來。目前,很多企業往往將策略管理、計畫預算與績效管理割裂為三套獨立的管理系統,造成了管理的複雜,耗時耗力,事倍功半。

曾經在某次課堂上,一家公營企業的策略負責人問筆者,他說:「我們公司已經有了計畫預算管理,前兩年也做了績效管理,目前的主管很重視策略,因此想做一套策略管理系統,這次來學習平衡計分卡,就是想看看這個系統怎麼做。老師,你認為呢?」筆者就告訴他:「這三套系統其實就是一套系統,理解它們中間的關聯後,只需要打通關節,沒有必要再另起爐灶⋯⋯用一套簡單一致的管理系統,就可以貫通這些管理的孤島。」

有了這三個脫節,再加上前述對策略管理的認知不足,導致策略執行只能停留在理念,再怎麼討論,也難有突破!

如何管理策略執行?如何糾正這些錯誤?這正是本書要探討的問題。

第一部分　用平衡計分卡聚焦客戶價值實現

第二章
平衡計分卡，業績突破的工具

新平衡記分卡，策略落實的密碼

談到策略執行，一般都會提到平衡計分卡（Balanced Scorecard；BSC）。平衡計分卡也確實享譽無數，被《哈佛商業評論》（*Harvard Business Review*）評為 70 年來最偉大的管理工具。

平衡計分卡的起源與發展，與平衡記分卡的創始人，哈佛商學院的羅伯・柯普朗（Robert S. Kaplan）教授（以下簡稱柯普朗），在《哈佛商業評論》上連續發表的多篇文章密切相關。在 1992 年的第一篇文章發表以後，平衡記分卡便得到了企業界以及學術界的廣泛關注，特別是企業對平衡記分卡的引入和實務表現出極大的熱情。柯普朗在企業實務中，不斷豐富和發展平衡記分卡的內涵，並將實務經驗寫成 5 本書。不過，這 5 本書對剛開始接觸平衡計分卡的讀者來講，是一個巨大的負擔。因此，介紹平衡計分卡，筆者還是更願意以柯普朗在《哈佛商業評論》上所發表具影響力的 5 篇文章為脈絡，感興趣的讀者也可以找來這 5 篇文章進行研究。

第二章 平衡計分卡,業績突破的工具

一、January-February 1992,the Balanced Scorecard-Measures that Drive Performance〈平衡記分卡——以考核驅動業績〉

在這篇文章裡,柯普朗提出了綜合考核企業經營業績的概念,提出了平衡記分卡的考核架構,強調從財務、客戶、內部流程和學習成長四個方面對企業進行綜合考核,推動企業業績提升。這篇文章是柯普朗與美國再生全球策略集團(Renaissance Worldwide Strategy Group)的 CEO 大衛・諾頓(David P. Norton),在對美國 12 家績效管理成績卓著的公司進行一年的研究之後,總結這些公司的管理經驗而提出的。

這篇文章提出了「平衡計分」的概念,指出了傳統做法上,用單一財務指標衡量企業業績的缺陷,強調將傳統的財務指標和非財務指標結合起來,對企業的業績進行綜合的評估,比單一的財務評價指標方法更科學和全面。平衡記分卡強調「平衡」概念,比如,內部與外部的平衡、長期與短期的平衡、過程與結果的平衡、所要求的成果和成果的動因之間的平衡等,得到了企業界的高度重視。

二、January-February 1996,Using the Balanced Scorecard as a Strategic Management System〈將平衡計分卡作為策略管理系統〉

在這篇文章中,柯普朗已經提出了以平衡計分卡為基礎建立策略管理系統的觀念,並針對實務中如何應用平衡計分

卡提出建議。柯普朗強調平衡計分卡四個衡量維度之間的邏輯關係，並且進一步說明，平衡計分卡四個維度之間的密切因果關聯，使組織的策略得到有效詮釋，因為策略本身就是一種假設。

文章中，柯普朗進一步提出了策略中心型組織的五項原則，即透過執行層的領導力推進變革，將策略轉化為可操作的語言，使組織與策略協調一致，使策略成為每一個員工的日常工作，確保將策略轉化為一個連續的流程。

三、September-October 2000，Having Trouble with Your Strategy？Then Map It.〈策略有麻煩？繪製出地圖〉

本文正式提出了策略地圖的概念，並提出了六步繪製企業策略地圖的方法：第一步確定股東價值差距（財務層面），第二步調整客戶價值主張（客戶層面），第三步確定價值提升時間表，第四步確定策略主題（內部流程層面），第五步提升策略準備度（學習和成長層面），第六步形成行動方案。

這六大步驟在宏觀上對於如何繪製策略地圖提供建議，但如果深入到每一具體步驟如何做，在具體實現方法上還是非常不清楚，比如：如何確定策略主題等。

四、October 2005，the Office of Strategy Management〈策略管理辦公室〉

柯普朗和諾頓認為，策略管理辦公室應該履行以下基本任務：建立與管理平衡計分卡系統，具體職能包括協調組織、

評估策略、制定策略、傳達策略;管理策略措施的執行情況;將策略重點與其他職能部門整合。

五、January 2008,Mastering the Management System〈掌握管理系統〉

這篇文章裡,柯普朗提出了連結策略與經營、建立管理系統的六階段工作。第一階段,制定策略;第二階段,規劃策略;第三階段,圍繞策略協同組織;第四階段,規劃經營;第五階段,監控和學習;第六階段,檢驗和調整策略。

可以看出,對這六個階段工作的闡述,才是將建立策略管理系統納入規範化、流程化管理的開始。相比較於之前提出的管理原則和方法,這六大階段工作,讓企業能夠了解如何應用平衡計分卡。不過,如果深入到每一個階段,文章的內容還是非常容易讓讀者迷惑不解。

在這些文章的基礎上,柯普朗針對全球各地不同公司的平衡計分卡實務經驗,又總結、提煉為5本書,大幅度地推動平衡計分卡的普及。

第一本書:1996年《平衡計分卡:資訊時代的策略管理工具》(*The Balanced Scorecard : Translating Strategy into Action*)

第二本書:2000年《策略核心組織:以平衡計分卡有效執行企業策略》(*The Strategy-focused Organization : How Bal-*

anced Scorecard Companies Thrive in the New Business Environment》)

第三本書:2004 年《策略地圖》(Strategy Maps: Converting Intangible Assets into Tangible Outcomes)

第四本書:2006 年《策略校準:應用平衡計分卡創造組織最佳綜效》(Alignment: Using the Balanced Scorecard to Create Corporate Synergies)

第五本書:2008 年《平衡計分卡戰略實踐》(The Execution Premium: Linking Strategy to Operations for Competitive Advantage)

對柯普朗在《哈佛商業評論》上發表的文章進行分析,同時對這 5 本書進行研究,我們可以發現,柯普朗對平衡計分卡的理解不斷加深,從平衡計分卡概念的提出,到具體的操作方法,作者都進行了有益的探索。不過,從本質來看,柯普朗的思想基本還是停留在第一本書已有的框架上,後續幾本書在實質上都沒有什麼突破。最後一本書《平衡計分卡戰略實踐》,是作者的最新研究結果。然而我們仍非常遺憾地發現,柯普朗所介紹的平衡計分卡與策略設計的關聯,依然比較生硬,其所介紹的平衡計分卡設計方法,依舊繁瑣和僵化,同時,柯普朗對某些關鍵細節的應用方法,也一直沒有給出清楚、明確的答案。相信一般閱讀柯普朗書籍的讀者,

第二章 平衡計分卡，業績突破的工具

在具體方法上都是不得其解，對大量的案例描述都會跳過。其實，這在相當程度上也阻礙了平衡計分卡的應用和普及。

亞洲企業對平衡計分卡是愛恨交加。愛的是，平衡計分卡在理論框架上確實非常吸引人；恨來源於，平衡計分卡一旦落實到具體的操作細節，就面臨一些關鍵的問題，而不得其解。筆者認為，柯普朗的平衡計分卡作為一種管理概念是偉大的、劃時代的，但作為一種企業可以實際操作的工具，還不完善。仿照書本、死搬硬套地應用平衡計分卡，難度很高，其成果也可想而知；而大量照本宣科式的平衡計分卡培訓，更加深了企業的痛苦。

根據多年的管理諮商實務，同時基於平衡計分卡的管理概念，筆者開發了一套適用於亞洲企業，更簡單、更直接的平衡計分卡應用模型，叫做「聞氏計分卡」，同時也開發了一套應用平衡計分卡的管理流程系統，叫做「5步二十法」。「聞氏計分卡」借鑑了柯普朗的概念，但與柯普朗平衡計分卡的設計與應用方法，有顯著的不同。「聞氏計分卡」是一個工具模型，企業可以直接拿來使用。可以說，「聞氏計分卡」是對平衡計分卡的新解讀和新應用方法，本書名所謂的「新平衡計分卡」的「新」，就是這個意思。

第一部分　用平衡計分卡聚焦客戶價值實現

為什麼平衡計分卡能執行策略

平衡計分卡是策略執行的管理工具。目前，很多企業對平衡計分卡的認知存在許多失誤，這主要表現在兩個方面：

其一，在平衡計分卡的應用上，要麼是策略執行工具的大而化之，沒有深入到策略設計的具體要素來認識平衡計分卡，讓平衡計分卡成為雞肋，食之無味棄之可惜；要麼是將簡單問題複雜化後的迷茫，陷入「尋找」關鍵績效指標的失誤，制定了形似而神不似的平衡計分卡，讓績效管理無法產生效益。

究其原因，在於很多企業無法從策略角度來理解平衡計分卡的四個層面，以及四個層面的因果關係。平衡計分卡所形成的網狀結構的關鍵績效指標體系，難免盤根錯節、難點重重，讓應用者只見樹木而不見森林。如果從策略制定的角度來理解和應用平衡計分卡，高屋建瓴自然就能一目了然。抓住了根本與實質，平衡計分卡其實是非常簡明和有效的。

其二，在建立策略執行系統方面，目前的方法仍是「另起爐灶」的不切實際，沒有與企業原有的管理系統結合起來。平衡計分卡作為一個統一協調的管理平臺，必須貫穿經營目標制定、計畫預算管理、績效考核管理這三大基本管理環節的中心。

應用平衡計分卡，需要建立以「年度平衡計分卡」為基礎

的年度經營目標系統以承接企業的策略目標,以「年度平衡計分卡」為源頭,制定企業的計畫和預算,同時還需要用「分級平衡計分卡」為工具來制定部門的工作目標,保證企業經營目標向下分解時的縱向一致和橫向協調,並將「分級平衡計分卡」分解、落實到具體職位以確保執行。這樣才能讓平衡計分卡成為驅動企業策略執行、控制發展軌跡的儀表板,讓平衡計分卡真正為我所用。

所以,要妥善運用平衡計分卡,必須先回答這個問題:為什麼平衡計分卡是策略執行的工具?

平衡計分卡的策略地圖是策略規劃的工具,策略地圖是平衡計分卡的本源,平衡計分卡是策略地圖的反映,平衡計分卡將策略地圖上之策略目標轉化為一套全方位的績效量度指標,以考察策略執行情況,所以才能成為策略執行的工具。

接下來的問題是:為什麼策略地圖是策略規劃的工具?

這需要分析策略地圖每個層面的具體內容,了解策略地圖的每個層面如何與策略設計相關,明白策略地圖四個層面的因果關係如何與策略設計的邏輯假設相關。只有深入到策略設計的具體要素來理解問題,才能從本質上掌握策略地圖。

策略地圖與企業策略設計的關聯,從財務層面開始。財

務層面是策略地圖的起點,也是企業策略設計的起點。財務層面的關鍵問題有三個:

◆ 企業對未來的發展,需要制定什麼樣的遠景目標?
◆ 需要什麼新的業務成長點,透過何種業務布局以實現總體業績目標?
◆ 總目標的細部目標是什麼?每項業務的具體業績目標是什麼?

客戶層面是策略地圖的焦點,不管企業在財務層面的策略重點是什麼,財務目標的達成必須依賴客戶購買或消費企業的產品和服務,所有的策略都必須透過客戶的參與才能實現。在客戶層面必須回答這樣三個問題:

◆ 誰是我們的客戶?
◆ 為什麼購買我們的產品或服務?
◆ 什麼因素對客戶是最重要的?

內部流程層面是策略地圖的重點。客戶層面點明目標客戶的價值需求,接下來需要解決的是,如何滿足客戶需求,實現自己的承諾。內部流程是企業的價值創造活動,這些活動將驅動客戶層面目標的達成,進而實現財務層面的目標。獨特客戶價值定位的保護傘,是擁有競爭對手難以複製的資源和能力,從而能長期獲得競爭優勢,所以,對這些問題的

回答是更深入地制定策略的學問。內部流程層面需要回答的問題是：

◆ 我們必須擅長什麼？
◆ 我們必須加強什麼？
◆ 如何控制經營成本？

學習與成長層面是策略地圖的基礎。它支持企業的一切價值創造活動，企業的能力來源於此。組織持續學習與成長，企業的基礎管理才能不斷地完善和提高，企業的能力才能不斷滿足客戶的期望和企業的發展策略要求，從而實現企業財務層面的目標。學習與成長層面要考慮的關鍵問題是：

◆ 要掌握哪些知識和技能，以提高和改善業務能力？
◆ 如何改進管理系統以促進組織活動的高效和協調？
◆ 如何增強企業的凝聚力，提高員工的積極性？

在第三章、第四章、第五章以及第六章，我們會介紹策略地圖四個層面之中每個層面的策略含義。可以看到，平衡計分卡能執行策略，是因為策略地圖能夠連結策略設計。只有了解此一途徑，才能真正明白平衡計分卡是如何執行策略的。這也是為什麼需要從策略設計開始，著重介紹平衡計分卡的原因。

第一部分　用平衡計分卡聚焦客戶價值實現

第二部分
重新解讀平衡計分卡的四個層面

第三章
財務層面是起點，關注如何成長

四個發展方向，兩類策略

企業僅有宏偉的成長目標是不夠的，必須有切實的策略以支持目標的實現。員工相信目標能夠實現，才願意真正採取行動。所以制定了目標，還需要有確實的策略，以具體說明如何實現目標。平衡計分卡之策略地圖是規劃如何實現成長目標的工具。

財務層面是策略地圖的起點。策略地圖在財務層面，需要具體設計如何實現總體成長目標的業務布局。關於如何分析和確定企業的業務布局，我們可以用到的工具，是著名的「安索夫矩陣」（Ansoff Matrix）。

「安索夫矩陣」是制定策略發展方向的有效工具。該矩陣由策略管理之父安索夫博士（Harry Igor Ansoff）於 1975 年提出，是應用最廣泛的策略分析和制定工具之一，見圖 3.1。矩陣以產品和市場作為兩大基本變數，即新市場和舊市場，新產品和舊產品，區別出四種產品、市場組合和相對應的四種獲利成長的發展方向。

一、鞏固加強

以現有的產品面對現有的顧客，以企業目前的產品市場組合為企業的發展焦點，力求增大產品的市場占有率，透過產品的性價比或是品質和服務等方式來吸引消費者採用本企業的產品，或是說服消費者改變使用習慣、增加購買量。

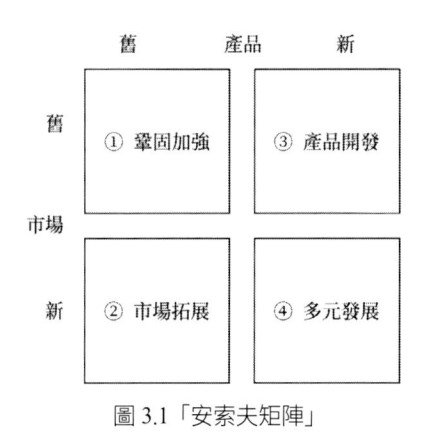

```
                舊      產品    新
              ┌─────────┬─────────┐
           舊 │ ① 鞏固加強│ ③ 產品開發│
              ├─────────┼─────────┤
      市場    │         │         │
           新 │ ② 市場拓展│ ④ 多元發展│
              └─────────┴─────────┘
```

圖 3.1「安索夫矩陣」

二、市場拓展

利用現有產品開拓新市場，企業必須在不同的市場上找到具有相同產品需求的顧客，其中往往產品定位和銷售方法會有所調整，但產品本身的核心屬性則不必改變。

三、產品開發

推出新產品給現有顧客，採取產品開發策略的企業將利用現有的顧客關係來借力使力，通常是以擴大現有產品的深

度和廣度，推出新一代或是相關的產品給現有的顧客，提高企業在消費者荷包中的占有率。

四、多元發展

提供新產品給新市場，此處由於企業既有的資源和能力可能派不上用場，因此是最冒險的發展策略，成功的企業多半能在銷售通路、品牌或產品技術等方面取得加乘效果。多元發展又可以根據多元化的性質分為：

- ◆ 垂直一體化，即經營領域基於原有業務沿產業鏈向前或向後延伸；
- ◆ 水平一體化，即在技術、經濟性質類似的經營領域內橫向擴張；
- ◆ 不相關多元化，即跳躍式進入完全不同於原有業務範圍的經營領域。

策略發展方向，在策略地圖中，我們也通常稱之為策略重點。策略重點是總體財務成長目標的細部要素，具備以下幾個方面的特徵：

- ◆ 策略重點應當與組織的使命保持一致，指明企業的業務布局和市場領域；
- ◆ 策略重點要符合組織實際狀況，並支持企業 3 到 5 年業績目標；

第三章 財務層面是起點，關注如何成長

◆ 策略重點必須對應著一個或幾個財務目標，並統率客戶、內部流程以及學習與成長層面策略目標的制定；
◆ 每個策略重點應該是互相獨立並且不同的；
◆ 策略重點應該限定在一定的時間範圍內。

四個策略發展方向對應四個策略重點，指引出增加銷售額和利潤額的四種途徑。按成長性質來分，四類策略重點又可歸屬於兩類策略。其中，鞏固加強屬於經營策略，產品開發、市場拓展以及多元發展屬於發展策略。

經營策略是關於如何做好現在的事，發展策略是關於如何謀求新的成長點。通常講，企業永遠處於營運與發展兩種策略並存的經營狀態中。企業一方面要做好現有業務以獲取穩健的成長，另一方面還要發展新業務以謀求快速的成長。

對企業經營來講，經營策略和發展策略往往並存，同時又不斷轉化。

如果將企業比作人，那麼經營策略和發展策略就是企業的兩條腿，企業的經營永遠是這樣一種狀態：首先在這條腿站穩後，再邁出另一條腿，在經營中求發展。在發展了新業務後，要做好新業務的經營，將邁出去的另一條腿站穩。如此交替進行，企業才能不斷成長。

兩條腿走路，這是謀求成長的最基本方法。一家策略管理能力強的企業，會將經營策略和發展策略的制定和實施，當作一個動態的、終生的過程來管理。

成長的邏輯與反思

世界在不斷演變,人不發展就意味著被淘汰。而在一個激烈競爭的行業,企業不成長則會招致滅亡。每個策略發展方向,或是每個策略重點的背後,其實都蘊含著如何實現競爭優勢的策略思考或追求。也只有明確了解這些背後的邏輯,在業務的布局和管理上利用這些潛在的價值,才能讓業務的成長真正帶來「所能帶來」也「應該帶來」的競爭優勢。否則,成長的結果,就有可能是「大而不強」。

四個策略發展方向背後的競爭優勢邏輯是這樣的:

一、鞏固加強,追求的是效率經濟的競爭優勢

企業應該使現有資源和能力的利用效率最大化,透過集中精力,不斷降低成本,不斷改進現有的產品,以更好地滿足客戶的要求,從而保護和增強企業在當前市場中的地位。

二、市場拓展的縱向發展,追求的是規模經濟

企業隨著產品和服務數量的增加,單位生產成本會下降,這就是規模經濟。這種現象出現在企業從研發到服務的任何活動之中。規模可以形成內部的專業化和外部的市場影響力,從而為企業帶來客觀的效益。不過,企業需要密切關注和警惕,在慣性思考的經營下,是否會出現規模而不經濟的情況。

三、產品開發的橫向發展，追求的是範圍經濟

向現有的市場提供全新的產品，充分利用企業現有的資源和能力以發揮更大的效益，有效降低企業所提供產品和服務的成本。不過，範圍經濟的關鍵問題是，隨著業務複雜程度的不斷增加，導致管理成本不斷增加，以及管理效益不斷下滑，不同業務之間是否會造成範圍不經濟的情況，如：品牌的共享是否能帶來收益，管道分享是否收益大於成本等。

四、多元發展，追求的是策略控制

垂直一體化的多元發展，讓企業透過對產業鏈中關鍵增值環節的控制，以獲得競爭優勢。這種優勢包括：控制供應的數量、品質和價格，控制市場管道，資訊獲取的優勢，成本的節省，等等。這種策略控制的關鍵問題是，核心業務是否足夠強壯以支持企業的發展。

不相關的多元化發展，往往並不能為企業帶來策略控制的優勢。這種發展，往往是為了做大而做大，並不是為了做強而做大。遵循這樣一種策略發展方向的企業，往往在所從事的各項業務中都處於競爭的邊緣狀態，企業總體銷售額可能會很大，但企業的總體利潤率卻很低。「大而不強」是這種發展策略的典型結果。

水平一體化的多元發展，往往因為原有業務領域的空間不大、利潤微薄，對環境變化的預期，讓企業謀求在新領域

的生存和發展成為可能,在新業務發展成功後,老業務則逐步退出。如,英特爾公司(Intel Corporation)原來是一家做記憶體晶片的企業,但在 1980 年代不看好記憶體晶片的未來,而毅然決然地投入巨資發展處理器晶片,最終在成長空間巨大的處理器晶片市場中獲得霸主地位,英特爾的執行長葛洛夫(Andrew Stephen Grove)回憶當時做此決定時,將其比喻為「策略轉捩點」。

總結正確的企業成長邏輯,我們應該牢記下面的四句話:

◆ 大不一定強,
◆ 不大肯定不強;
◆ 強不一定久,
◆ 不強肯定不久。

這就是企業不斷謀求成長乃至快速成長的迷思所在,迷是「著迷」的迷。企業有強烈的成長願望,但在制定發展策略上還需要注意以下三點,以免「著迷」成長變成了「迷離」成長,出現新業務拖垮老業務的常見悲劇。

第一,實現發展策略不但需要現有業務提供大量且持續的資源,同時還將分散管理人員的注意力和耗費管理人員的精力,在一個並不鞏固的業務基礎上謀求發展,將極大地損傷現有業務的經營績效,所以鞏固和加強現有業務是一切發展的基礎。

第二,企業的現有業務提供了企業發展所需的能力基礎和資源儲備,一個企業現在在做什麼決定了其未來能做什麼,這就是「路徑依賴」(Path dependence)。新業務沒有核心能力的轉移或延伸支撐,將難以建立企業在新領域的競爭優勢,最終難逃失敗的命運。

第三,為了實現成長而盲目追求發展非常危險,發展策略的決策不但需要考慮如何實現目標,而且還必須考慮和衡量能帶來多少企業的整體競爭優勢,這種競爭優勢來自於發展所帶來的效率經濟、規模經濟、範圍經濟以及策略控制。做大如果不能帶來這些優勢中的一種或是幾種競爭優勢,那麼做大就需要非常謹慎。如何做大,方法非常重要,大是強的手段而非目的,強才是企業的最終追求。

「藍海策略」並非真正策略

最早看《藍海策略》(Blue Ocean Strategy)一書,是在某校商學院的電子圖書館。本想隨便翻翻,卻立即被作者新穎的案例和實用的工具所吸引。印象頗深,覺得也很實用。所以,後來在自己的培訓課程中,也經常向學員講授書中介紹的「價值曲線」工具。轉眼多年過去,忽然發現,《藍海策略》已經創造了圖書銷售的「藍海」,不僅登上了管理類暢銷書排行榜的榜首,評論也充滿溢美之詞,大有策略管理理論改天換地之意。

從客戶價值創新角度看,《藍海策略》是一本難得的好書。作者介紹的理念和實作工具,對企業的策略創新而言,有很好的參考價值。但是,筆者難以苟同以下說法:「藍海策略」是針對「紅海策略」而言的〔「紅海策略」為麥可・波特（Michael Eugene Porter）提出的競爭策略〕;「藍海策略」代表著策略管理領域的標準化轉變。原因很簡單,《藍海策略》一書並沒有回答以下幾個關鍵的策略問題:

1. 紅海與藍海業務如何平衡？

財務管理上有句名言:「高風險,高報酬。」藍海是未知的,高風險的,否則就不可能有高的報酬。企業在藍海還未明確前,不可能放棄紅海。實際上,為能夠擺脫血腥的競爭,企業需要不斷孕育新的藍海。正如作者所說:「紅海和藍海一向是共存的」,企業可能永遠處於一種雙重業務管理的狀態,進而產生新、舊業務如何平衡的問題。企業的策略管理,對這個問題不能不給出回答。《藍海策略》僅從行銷的角度,談如何進行價值創新,並沒有站在策略的高度,闡述如何管理新、舊業務。

2. 如何獲取創新的收益？

創造客戶價值不等於就能獲得商業利潤。這是企業經營的基本常識,卻往往在經營中被忽略。比如,企業的收益要

被供應商切分，企業的定價不可避免地會受到潛在替代品的牽制。一個極好的例子，是一直以創新自居的英特爾。業內人士都知道，英特爾高業績的背後不是價值創造，而是它所致力形成的壟斷地位。實際情況是，AMD 的處理器，摩托羅拉的 PowerPC，不比英特爾的差。但 AMD 和摩托羅拉所獲取的收益，相比就少得可憐。

行業的經濟結構和企業的競爭地位，對企業盈利的影響是不能忽視的。很早以前，產業經濟學已經對此做出了解釋，麥可·波特的「五力分析」(Porter's Five Force Analysis) 也提供了理解問題的框架和解決問題的思路。《藍海策略》僅從企業內部經營的角度，考慮利潤獲取的問題，以狹窄的眼光來否定宏大的視角，這無法逃脫井底之蛙的嫌疑。

3. 如何保護藍海？

創新最大的敵人是模仿，眼紅者將不可避免地垂涎藍海的高收益，試圖進入藍海。《藍海策略》在最後一章安慰創新者，告知讀者，成功的創新似乎天生就有模仿的壁壘。讀過之後發現，書中的解釋似曾相識，而且原本就是作者要討伐的觀點。

事實上，對於如何建立及維持競爭優勢，《競爭優勢》(*Competitive Advantage*) 已從行業結構的角度提供全面系統的解釋。企業開創的市場歸根究柢就是一個細分的行業，細分

行業的壁壘能為你提供保護。保護壁壘並不是一成不變的，宏觀環境的變化將促使行業壁壘變遷，企業的行為也能改變壁壘的結構和高低。再仔細研究英特爾，我們可以發現，英特爾要求PC廠商在生產電腦顯眼位置貼上「INTEL inside」標籤的做法，以及英特爾對PC廠商的長期廣告補助計畫，都是在致力形成壟斷地位，以保護它的創新成果。

4. 如何持續盈利？

壁壘是對付模仿的一種手段，但模仿的真正剋星是不可模仿性，也就是創新的做法，別人想模仿也模仿不來。對此，麥可‧波特應用價值鏈分析法（VCA，Value Chain Analysis），強調企業在內部需要形成環環相扣、互相加強的活動流程。久而久之，這種流程扎根於企業文化，難以被解釋，也難以被學習。如同業餘棋手向職業高手學習，根本看不懂高手的套路，也就無從學習和進步了。這種難以被模仿的活動流程才是可持續的。建立於此的企業競爭優勢，才能帶來可持續的超額盈利。這正是策略的真正境界。雖然《藍海策略》企圖否決《競爭策略》（*Competitive Strategy*），但自身並沒有解決這個問題。

5. 如何保證創新能不斷成功？

俗話說，做一次好事很容易，做一輩子好事很難。市場

是變化的，競爭是殘酷的，藍海終將變成紅海。正如作者所說，企業需要不斷「啟動新的價值創新」。創新的成功雖不容易，第一次可能是運氣使然，並不能說明太多的問題。就像《藍海策略》所列舉的案例，很多企業在第一次成功後，也就深陷紅海了。在一個動態的競爭環境條件下，如何永保創新的能力，從而不斷成功創新，實在是一個重要的問題。《藍海策略》對此似乎毫無建樹，缺憾比較大。其實，從學習型組織的研究中，透過核心競爭力的討論，我們可以找到這個問題的答案。

提出這幾個問題，只是想澄清一點：「藍海策略」實際上應該是「藍海行銷」。《藍海策略》一書是從價值創新角度，對《競爭策略》的補充和完善，對《競爭策略》之差異化策略的總結和提升。策略需要解決的問題，比「藍海策略」要博大得多、精深得多。

實際上，認真探討「藍海策略」還是「藍海行銷」，更深遠的意義是想說明一個關鍵觀念，即：行銷不是策略。許多企業在這方面仍存在誤解，對《藍海策略》的跟風炒作，會使企業進一步加深這種錯誤認知。而這一誤解，代價是慘重的，許多企業各領風騷三五年，其根本原因就在於，只有市場行銷之術而無策略管理之道。是以此文，獻微薄之力。

第四章
客戶層面是重點，關注價值主張

三種經營思考導向

客戶層面是策略地圖的重點。所謂重點的含義是，企業尋求發展，必須時刻關注客戶價值的滿足。這是一種眼光，更是一種思考方式。

經營企業，一般有三種思考導向：

一、競爭導向

競爭導向即密切關注對手在做什麼，以競爭對手來設定自己的策略思考，把自己的優勢和不足與競爭對手比較，力圖建立相對競爭優勢。這樣一種思考導向，將使企業經營被動地走入失誤，與自己真正的顧客漸行漸遠。

這種邏輯下，企業會不顧及自己的資源和能力，也背離了企業的發展方向，為了競爭而競爭。當過多的企業都將注意力放在趕上或超過競爭對手時，行業內各企業採取的策略在競爭的各方面都趨於同一化，從而將整個行業拖向深淵。

二、顧客導向

顧客導向即密切關注顧客需要我們做什麼。企業經營的起點是顧客的需求，終點是顧客的滿意，一切經營管理圍繞著顧客展開，顧客價值是策略和管理的中心。

顧客導向，也需要監視對手的一舉一動，但不把對手的行為當作自己的參考標準，而是認真研究消費者的心理和生活方式，時刻把握消費者真正的需要。

不過，顧客導向存在的一個問題是，企業可能會不顧及自己資源和能力的優劣勢，而盲目追逐市場熱點。

三、自我導向

自我導向即重點考慮憑藉自身資源和能力基礎，自己能做什麼。這種邏輯以有把握做到為重點，但往往會過分注重企業現有資源，而忽略了市場和客戶需求的變化。此時企業往往會過分迷戀過去的成功，現有資源和能力有時反而成為企業發展的包袱。

三種導向各有其價值和缺陷。經營企業，需要建立的正確經營理念是：

◆ 以顧客為導向；
◆ 以競爭為參照；
◆ 以自身為基礎。

這三句話，一個都不能少。策略需要的是這種綜合性和整體性思維，不能區域性地、片面地看市場、看競爭和看自己，一旦片面和絕對，就會出問題。另外，需要強調的是，競爭不是要擊敗或消滅對手，而是要發展自己。

如此一來，雖然不刻意建立比較競爭優勢，但結果卻往往不戰而屈人之兵。

競爭策略的實質是不參與競爭

策略行銷是獲取客戶的精髓，研究客戶是策略行銷的基礎。

研究顧客，需要做到三點：

- ◆ 關心 —— 真正關心消費者的生活方式和心理感受。
- ◆ 了解 —— 傾聽消費者的聲音，了解他們的購買心理和行為過程。
- ◆ 理解 —— 尊重每一個消費者的個性需要，但不一定要滿足。

研究客戶，是為了對市場進行細分或切割。市場細分或切割，保守講可以用到上千種維度，但基本可以歸結為三類方法，這三類方法對消費者行為的預測性逐步提高，同時實施的難易程度也逐步提高。

一、以地理位置或人口特徵為基準的細分市場

此類的細分變數包括：人口特徵，如年齡、性別、收入、教育程度等；地理位置，如直轄市、縣轄市、鄉鎮市區等。

按人口特徵和地理位置進行市場細分的好處在於，這種細分易於辨認，易於集中媒介溝通管道，易於組織分銷。然而問題是，這些細分變數是描述性的因素，雖然易於辨識，但是不足以預測消費者的未來購買行為。比如，牙膏品牌 A 主要銷於南部，購買者是教育程度高的女性，但是並不知道消費者為什麼而購買。

二、以需求和利益為基準的細分市場

此類細分變數包括：購買因素，如價格、品牌、服務、品質、功能和設計等；產品和服務的使用行為，如使用量、費用支出、購買管道、決策過程等；產品和服務的使用場合，如什麼地方和什麼時間使用產品，以及如何使用產品等。

這種細分方法的好處是，可以了解消費者的購買因素，理解消費者尋求的具體好處是什麼。在市場日趨成熟複雜和多樣化的形勢下，這種細分方法就更顯重要，可以幫助行銷活動建立一致的策略，贏得目標人群。不過，這種細分方法的問題是，如果不結合地理位置或人口特徵的資訊，用處就不大。比如：牙膏品牌 A 的使用者，是為了追求防止蛀牙的效果而購買，但是並不知道使用者的具體特徵。

三、以心理取向和生活方式為基準的細分市場

這類細分變數主要包括需求的動機，比如，個人的價值取向和生活方式，對產品類別和溝通管道的態度等。

這種細分可以更深入地考察消費者的人格動機，了解消費者尋求某種利益或價值背後的因素。也就是說，理解消費者為什麼會有這種要求。這種細分，可以為消費者的人格背景提供更完整的資訊，為廣告策劃提供更打動人心的洞見。當然，這種細分也有其局限性，即不能對產品和服務的具體方向給出明確的建議。所以，往往需要結合需求、利益、人口特徵、地理位置等相關資訊才能發揮作用。比如，品牌A的消費者非常關心自己和家人的健康，具有責任心強的特質，但不知道他在哪裡，以及在尋求什麼健康產品。

三種市場細分方法可以交叉使用，以找到最有價值的細分市場，挖掘未來的盈利空間。細分市場是一個充滿創意的過程。不同於常規的市場細分，可以形成對市場的更多洞見，並為企業帶來獨特的競爭定位。

市場細分的目的在於找到有相似需求的客戶，所謂的細分市場就是有相似需求的客戶群體。不管如何進行有創意的市場細分，有效的細分市場還必須具備以下三個特點：

◆ 差別性，細分市場在觀念上能被區別，並且對不同的行銷組合因素和方案有不同的反應。比如：啤酒的清

淡口味市場群體和醇厚口味的市場群體。
- ◆ 盈利性，即細分市場的規模大到足夠獲利的程度，一個細分市場應該是值得為其設計一套行銷規劃方案，且盡可能大的同質群體。
- ◆ 可行性，能有效地達到細分市場並為之服務，即為吸引和服務細分市場而系統地提出有效計畫的可行程度。這就要求在細分市場時，考慮產品和服務的特點，以及企業資源和能力的優、劣勢。

客戶才是裁判，一切以客戶為中心

細分市場是為了選擇市場。選擇目標市場時，需要考慮兩方面的問題：

第一，市場的吸引力。

分析判斷的因素包括目標市場的規模、市場的成長性、未來的利潤等。策略大師麥可‧波特著名的「五力分析」也可以作為定性分析細分市場吸引力的一個非常有效的工具。

第二，企業的競爭力。

即參與目標市場經營與企業使命和資源能力的匹配程度。某些市場雖然具備較大的吸引力，但不符合企業的長遠目標，這樣就應該放棄，或者企業不具備在目標市場獲取競

爭優勢所必需的資源和能力,這樣也應該考慮放棄。

選取了目標市場,企業就需要仔細分析所選定目標市場的客戶價值因素(見圖 4.2),在分析基礎上確定產品和服務的屬性。研究和制定客戶價值主張必須回答這兩個問題:

◆ 哪幾個因素對客戶是最重要的,是價格、品質、時間?還是服務、客戶關係、品牌?
◆ 如何參與競爭?我們應該在哪些因素上表現卓越,在哪些因素上表現一般即可?

對這兩個問題的選擇和回答,就是產品和服務的價值主張或價值定位。

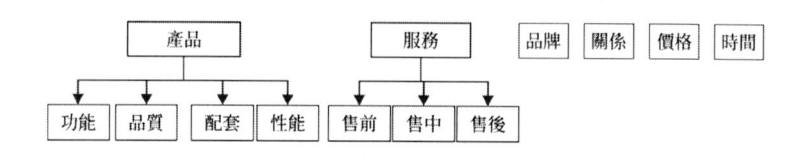

圖 4.2 客戶價值因素

現代行銷權威菲利普·科特勒(Philip Kotler)的觀點是,所謂定位就是企業對自己的產品和服務以及其形象進行設計,從而使其能在目標客戶的心目中占有獨特位置。定位的最後結果是成功地創立以目標客戶市場為重點的價值建議,它能簡單明瞭地闡述為什麼目標市場會購買該產品和服務。

制定客戶價值主張,可以採用「定位因素模型」進行分析

(見圖 4.3)。定位因素模型的橫坐標是產品和服務價值因素的定位高低,分為兩個區間:一般、卓越;縱坐標是客戶對價值因素的看重程度,分為兩個區間:客戶要求高或要求低。根據這兩個維度對競爭因素逐一進行分析,可以獲得三種評價意見和相應的策略。

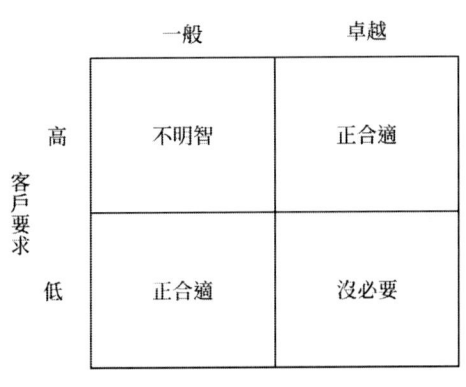

	一般	卓越
客戶要求 高	不明智	正合適
客戶要求 低	正合適	沒必要

圖 4.3 定位因素分析模型

一、正合適

客戶要求高、價值定位卓越,致力於滿足客戶的要求;客戶要求低、價值定位一般,確保滿足客戶的基本要求。

二、不明智

客戶要求高、價值定位一般,則需要提高定位水準,以增強產品和服務的競爭力。若既成事實,則試圖降低客戶對此類因素的期望值,轉移客戶關注重點到本企業表現卓越的

因素上,或重新定義目標市場。

三、沒必要

客戶要求低、價值定位卓越,則最好降低定位水平,以減少成本和代價,提高產品和服務的性價比。若既成事實,則提高客戶對此類因素的期望值,以充分利用本企業產品和服務的競爭優勢,或重新定義目標市場。

分析在目標市場的定位有效性,「定位因素模型」是一個非常有用的工具。如何釐清產品和服務的價值主張,「價值曲線」是另一個有效的工具。

對產品和服務的價值進行定位,重點需要確定本企業產品和服務的差異化價值因素和一般價值因素。所謂差異化價值因素是客戶認為重要,並且企業致力表現卓越的產品和服務屬性。所謂一般價值因素是客戶認為不重要,並且企業不考慮超過期望值提供的屬性。

將本企業和競爭對手各自產品和服務的屬性在價值曲線上同時表現出來,可以清楚地了解本企業產品和服務的差異化因素和差異化程度。客戶對屬性要求的高低,受競爭對手相關產品和服務屬性的影響,有時這種影響也來自於行業的平均提供水準。所以,以競爭為參照,知己知彼,在釐清價值主張的過程中,是一個必需的要素。

價值曲線對釐清價值定位是非常有效和直觀的工具,見

圖 4.4 所示。

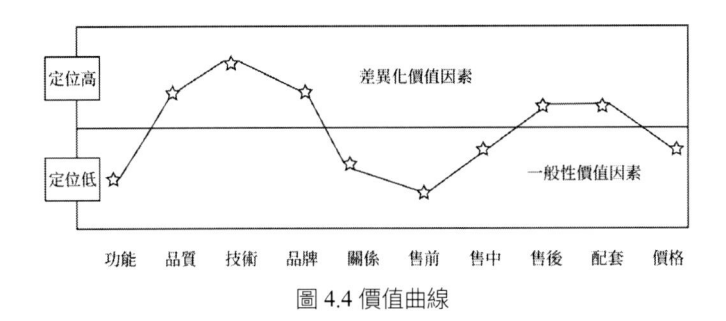

```
定位高  ┤    ╱╲    差異化價值因素
        │   ╱  ╲╱╲              ╱╲
────────┼──╱────────╲──────────╱──╲──
定位低  │ ╱          ╲    ╱╲  ╱    ╲
        │             ╲  ╱  ╲╱      ╲
        └──功能─品質─技術─品牌─關係─售前─售中─售後─配套─價格
                              一般性價值因素
```

圖 4.4 價值曲線

　　企業在客戶價值管理上，首先是要「做得不同」，其次是要「做得更好」。

　　企業設計產品和服務的屬性，必須以客戶為導向，而不是以競爭對手為導向。透過對客戶需求的深入研究，進行創新的市場細分和選擇，以與競爭對手展開差異化競爭，尋求「做得不同」。同質化競爭比拚的是，企業與競爭對手誰在馬拉松競賽中跑得快，其最終的結果往往是兩敗俱傷的價格戰。

　　然而，事物往往具有兩面性，企業找到了「藍海」，就必須透過「做得更好」，以保護自己的「藍海」。當今的世界，競爭可以說是無處不在，模仿者、跟隨者不絕於途。企業需要發揮先行者優勢，加強內部的管理，讓潛在的競爭對手想模仿也模仿不了，這才是真正的競爭優勢所在。

　　價值主張是企業致力達到的一個承諾。對此承諾，企業必須投入資源以竭力滿足，這樣才能贏得客戶的滿意。客戶

滿意度將顯著地影響企業的盈利程度。在一個競爭的市場裡，只有滿足客戶才能保留客戶，從而才能獲取客戶。

對客戶利潤貢獻的分析表明，吸引一個新客戶的成本大約是保留一個現有客戶的 5 倍。老客戶的保留，能有效降低企業的行銷費用，從而提高客戶平均利潤。同時，老客戶的滿意將促進企業的品牌形象，有效降低新客戶的獲取成本，亦能提高客戶平均利潤。老客戶的保留和新客戶的獲取將提高企業在細分市場的市場占有率，從而能夠建立在細分市場中的規模經濟效益，同樣能夠有效提高客戶平均利潤。

看一個案例，綠山咖啡 (Green Mountain Coffee Roasters)。

1981 年，鮑勃‧斯蒂勒 (Bob Stiller) 購買了一家咖啡館，於美國佛蒙特州成立綠山咖啡烘焙公司。1993 年，咖啡連鎖店數目達到 9 家，銷售額達 1000 萬美元，並在那斯達克 (NASDAQ) 精選市場上市。

1998 年，鮑勃‧斯蒂勒與生產單杯咖啡機、K-CUP 的克里格 (KEURIG) 公司合作，成為其第一個合作夥伴，用 K-CUP 包裝綠山咖啡，並在 KEURIG 單杯咖啡機上使用，同時關閉所有咖啡零售店，轉與批發商、零售商合作，進軍北美地區的辦公室、家庭、旅館、機場、加油站、火車站等市場。

2006 年，正式收購克里格公司，主要產品線變為：綠山

咖啡（以 K-CUP 包裝為主）、使用 K-CUP 包裝的茶和熱可可等飲料以及克里格單杯咖啡機，同時允許其他飲料企業在支付授權費用的情況下使用 K-CUP 杯包裝其產品並在克里格單杯咖啡機上使用。

2010 年，《財富》(Fortune) 雜誌評選的全球成長最快的公司中，綠山咖啡排名第二。

為什麼綠山咖啡能夠做到這一點？這與綠山咖啡獨特的定位密切相關，見圖 4.5。

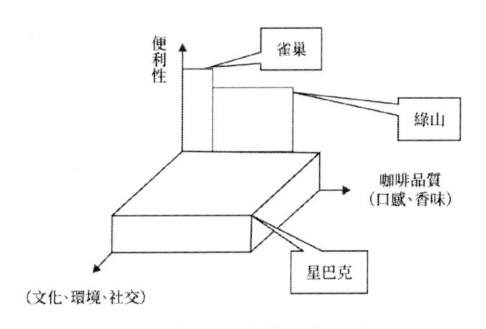

圖 4.5 綠山咖啡的市場定位

咖啡產品市場龐大，全球咖啡消費市場達 53 兆新臺幣以上。咖啡是全球第二大商品，石油為第一大商品。

咖啡產品中的兩個主要分類，一是即溶咖啡和即飲咖啡，強調便捷性，如雀巢 (Nescafe)、麥斯維爾 (Maxwell) 等；二是咖啡店，透過傳統的方法烹製咖啡，強調咖啡品質及咖啡的附屬屬性，如文化和環境體驗等，比如星巴克

(Starbucks)。在這兩個主要的分類上，市場集中度都很高。

人人都希望得到一杯高品質的咖啡，特別是在具有咖啡傳統的歐美國家，但是咖啡的品質除了與咖啡豆的品質相關外，與烹製加工工藝有很大的關係，因此，即溶咖啡的加工方法便已決定了其很難達到一流的咖啡品質，而傳統的烹製方法又比較繁瑣，便捷性差，不適合辦公室、上班族家庭等講求方便的消費者。

綠山咖啡透過 KEURIG 單杯咖啡機及 K-CUP 包裝，實現了較高的咖啡品質和較好的便捷性兼具，同時去除了咖啡館所帶來的其他附屬要素，以降低成本，確定了一個新的市場定位和價值主張。

優衣庫的不拘一格價值創新

2008 年，受全球金融危機影響，日本的汽車、家電等生產廠家、大型百貨公司及超市等零售商家都陷入了不景氣，業績惡化。服裝界也無法逃脫厄運，眾多知名跨國品牌一片蕭條，唯有一家公司以獨贏的姿態存在，這就是優衣庫（UNIQLO）。

優衣庫發表的 2008 年度銷售額，與前一年比，成長了 17.5%，達到了 1885 億日元，淨利潤也成長了 43.6%，達到 221 億日元，可謂是增收增益，並將其 2009 年年度的利潤預

計值從當初預計的 480 億日元向上調整到了 500 億日元。

2009 年,優衣庫以高銷量脫穎而出,在當時的經濟形勢下,創始人柳井正個人資產逆市上升至 91 億美元,藉此榮登日本首富,成為日本歷史上憑藉服裝產業位居《富比士》(Forbes)榜首的第一人。全美零售業協會(NRF)授予他國際品牌獎,表彰優衣庫在經濟形勢嚴峻情況下傾聽消費者需求。

《商業週刊》2010 年的「全球最具創新力企業 50 強」排行中,迅銷公司(Fast Retailing Co., Ltd,優衣庫所屬)首次入圍。隨著索尼、豐田等老牌日本標竿性企業在偶像的黃昏中沉寂,優衣庫成為新一代日本企業精神的最佳代言者。

先來看看優衣庫的發展史。

◆ 1984 年,在日本廣島市中心區的主要商業街的小巷裡一個叫袋釘的地方,一家名為「UNIQLO CLOTHING WAREHOUSE」(字面意思為「獨特的服裝倉庫」)的休閒服零售店開張了。倉儲式的賣場以及自助購物式的銷售方式,吸引了大量的年輕人,據說蜂擁而至的人群甚至讓人產生恐懼。

◆ 1991 年,創始人柳井正將公司改名為「迅銷」,以連鎖店形式展開擴大為 24 間店鋪。計劃建立 1000 家分店,實現 UNIQLO 連鎖化,從此優衣庫走上發展壯大之路。

◆ 1998年10月，優衣庫推出了搖粒絨（Fleece）成衣，當年售出200萬件，第二年賣出850萬件，2000年賣出了2600萬件，成為一種文化現象。1999年，優衣庫銷售出了3億件服裝，對應日本的1.3億人口，不分男女老幼人均消費超過兩件。

◆ 1998年11月，開設東京原宿店，優衣庫終於從郊外打進了大城市的繁華中心，開始樹立優衣庫的品牌形象，成為以「以低廉的價格提供優良商品」的品牌店。

◆ 2011年8月，優衣庫共有843家日本分店以及181家海外分店，分店遍布美國、英國、新加坡、俄羅斯、法國、中國大陸、臺灣、香港、韓國。

優衣庫的成功得益於對目標市場的選擇和獨特的價值定位。

1980年代，日本的服裝零售業正處於成立郊外店鋪的轉型時期，一些專賣海外商品的店鋪在日本的郊區如雨後春筍般出現。捕捉到這一趨勢，柳井正開始嘗試在下關、小倉、小田野、廣島這樣的地方開分店，甚至也試著開了幾家專賣女性服裝的店面，但是效果並不好。許多門市是開了又關，關了又開。失敗的經歷，讓柳井正慢慢地發現，儘管門市慘澹經營，但是休閒服很好賣。

因為無論是正裝、高級時裝還是功能性服裝，對客戶來

說，都有它自身的使用範圍。比如說，上班族雖然每天西裝革履，但是在週末以及節日、假日，就不可能穿著一本正經的正裝了。而高級時裝，雖然在高收入、講究品味的人群中十分受用，但是仍有許多族群面對它的高價位以及設計風格望而卻步。功能性服裝更是只針對少部分特殊族群或者特殊場合才適用。只有休閒服，無論職業、性別、年齡，幾乎所有的人都對它有需求。

為此，優衣庫將目標鎖定在休閒服市場，「生產和銷售適合所有人穿著的衣服」，見圖4.6。有趣的是，在服裝市場中，從平價到昂貴充滿著大量的品牌。而大部分成功的品牌，都有著自己清晰以及獨特的定位。在休閒服裝中，有以女裝為主，不斷推出限量供應新品為賣點的 ZARA；以「傳統、粗狂」為特點的專業牛仔服飾供應商 Wrangle；在功能性服裝中，有以「對新工藝和新技術近乎瘋狂的追求」而聞名，公認的北美乃至全球領導型的戶外品牌始祖鳥（ARC'TER-YX）。還有只售男裝的 Jack & Jones，等等。然而，優衣庫卻反其道而行之，公開宣稱他們的服裝適合任何年齡的人穿著。

第二部分　重新解讀平衡計分卡的四個層面

	商務正裝	高級時裝	休閒服	內衣	功能性服裝
老年					
中年					
青少年					
兒童					

Uniqlo的目標市場：休閒服全年齡層

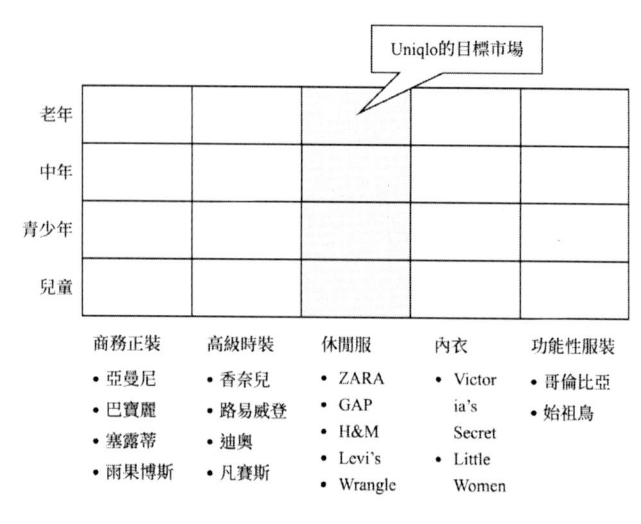

- 商務正裝
  - 亞曼尼
  - 巴寶麗
  - 塞露蒂
  - 雨果博斯
- 高級時裝
  - 香奈兒
  - 路易威登
  - 迪奧
  - 凡賽斯
- 休閒服
  - ZARA
  - GAP
  - H&M
  - Levi's
  - Wrangle
- 內衣
  - Victoria's Secret
  - Little Women
- 功能性服裝
  - 哥倫比亞
  - 始祖鳥

圖 4.6 優衣庫的定位

　　優衣庫認為，「個性並不存在於服裝，而是由穿著的人來展現的」，「我們追求的休閒服是一種超越種族、國籍、職業、學歷等各種界限的，永遠面向大眾的服裝，不是僅限於年輕人、便宜的、不正規的服裝，而是上至老人下至孩童，囊括所有人，是享受生活的工具，是任何人都可以穿著的服裝。」為此，優衣庫制定了獨特的價值主張：衣服是配角，只有穿衣服的人才是主角。

　　優衣庫透過生產和銷售適合所有人穿著的衣服，涵蓋了各種消費者群體，這無疑採用的是無差別市場策略，但是實質上它是把差別還原給了消費者，是將現代、時尚、簡約、易於搭配的商品提供給全世界的消費者。即透過人對服裝的

搭配,自行調配出個人的著裝風格和品味。看似簡單的基本款式,只要經過精心的搭配更能展現出自我個性,充分利用優衣庫服飾「百搭」的特點。這種對服飾個性的特立獨行般的詮釋本身就極具個性化,更強調了其以人為本的穿衣理念。

到優衣庫的賣場,消費者不難發現,優衣庫銷售的所有服飾都是基本款,種類少、同款服裝配多種顏色,極難發現 LOGO。這些基本款被眾多高級時尚雜誌大幅推薦,那些幾百元的單品甚至被配在 LV、香奈兒外套的裡面。

優衣庫的獨特定位是如何讓它在逆境中獲益的?

長期以來,生活在泡沫經濟中的日本人,已經習慣了在消費上大手大腳。常常光顧市區的豪華超級購物中心,鍾情國際頂極名牌,購物時從不計較價格。即便是受薪階級的主婦對於廉價商店也不屑一顧。然而,連續多年的經濟萎縮,迫使日本人不得不改變自己的消費觀念。

優衣庫為消費者提供「低價良品、品質保證」的經營理念,在日本經濟低迷時期取得了驚人的業績。其中,聚酯纖維兩面起毛彩色外套(fleece)更是席捲了日本成衣市場,成為 1999 年秋季的熱賣產品。

日本住友銀行經營的一家諮商公司,實施關於 2000 年日本最受歡迎商品的調查結果顯示:排名第一的最受歡迎商品空缺,排名第二的是以經營輕便服裝走紅的優衣庫和 NTT DOCOMO 的「i mode」。

看到UNIQLO的成功，日本百貨公司的老闆們也認同，UNIQLO的商品理念「把休閒服看作獲得日常舒適的條件之一」已獲得消費者的支持。伊勢丹百貨社長小柴和正說，「它證明了，即使蕭條的情況下，物美價廉的東西仍賣得出去」。大丸百貨店社長澳田務則說，「『日常的服裝穿優衣庫已經足夠了』的想法已經獲得了消費者的認可」。

問題不僅僅在於價格，而在於對消費者需求的理解與願意支付成本的把握。在泡沫經濟時期，日本百貨公司歷來堅持高成本的舊工藝不變，硬性把自己的服務費強加給消費者，強調全套服務。可是時代在變，消費者更強調個性化與選擇權。消費者需要的是，你提供零件，我來選擇，我自己的整體形象設計由自己來做。而優衣庫對休閒服裝的理解（個性不在於服裝，而在於人），與此不謀而合。

總結優衣庫的成功，可以看到五點因素：

1. 強調搭配出來的品味與個性

以人為本的穿衣理念，將主動權交給客戶，使客戶不再被動接受設計師的品味與風格，同時滿足個性與非個性的需求。市場上有各種管道交流自己的搭配風格。

2. 自助式的購物體驗

讓顧客從此擺脫「煩人」的推銷，顧客可以「像逛書攤買

雜誌一樣」，不受打擾，輕鬆方便地購買衣服，強化了優衣庫對客戶主動權的關注。

3. 功能性的服飾

與專業的化學材料開發商──東麗公司聯手，開發出 Heat-tech 內衣，更加保暖、輕便、舒適。並於 2011 年開發出可機洗女士毛衣，具有形狀穩定、外觀好、不易起毛球、抗菌性佳等特點。

4. 建立 SPA 生產銷售模式

SPA（Speciality Retailer of Private Label Apparel，自有品牌專業零售商）模式，是一種從商品策劃、製造到零售都整合起來的垂直整合型銷售形式。優衣庫利用這種模式有效地將顧客和供應商連繫起來，以滿足消費者需求為首要目標，透過創新供貨方法和供應鏈流程，實現對市場的快速反應。透過這種模式，不但貼近客戶，也為優衣庫節約大量成本，以實現「低價優質」的價值主張。

5. 啟動「匠工程」計畫

優衣庫的生產模式為：在紐約收集時尚資訊並企劃商品，由大阪的商品設計事務所及山口的公司總部具體設計新商品，然後委託海外工廠加工生產。雖說委託國外生產廠家為

優衣庫節省了大量成本,但是在最初的合作過程中出現了各種品質問題。優衣庫因而網羅日本境內擁有 30 年以上資歷、平均年齡超過 60 歲的成衣技術人才組成「紡織工匠團隊」,派駐至生產工廠,負責監控重要生產細節以及教育員工,終於改善了產品品質。

第五章
內部流程，聚焦價值實現

差異化策略的本質是不差異化

　　內部流程是策略地圖的重點。所謂的內部流程，其實就是企業的業務能力，企業透過這些流程以實現客戶價值。這裡需要引入一個概念，叫能力平臺。所謂的能力平臺，就是企業的業務能力組合。

　　設計企業的能力平臺是策略設計中至關重要的一步。策略管理的許多問題都與如何建立業務能力，以更好地適應不斷變化的環境相關。然而許多企業往往未能進一步深入內部，將價值定位的要求轉化為自身的能力建立要求。

　　能力平臺至關重要，因為成功的策略取決於，組織具備成功所需要的業務能力。首先，業務能力關係到企業能否繼續適應經營環境中存在的機遇與挑戰，比如客戶需求的改變和提高。其次，業務能力也引領著企業的策略制定，企業可以透過延伸和挖掘業務能力以創造新的機會，由此而創造的新機會或是讓競爭對手無法企及，或是完全開發一個新的領

域，或二者兼而有之。

在飛速變換的競爭環境中，如何謀求可持續發展？如何基業長青？

這需要一種能力背後的能力，即隨著客戶價值的不斷演變，以及競爭基礎的不斷更新，而相應地創新業務能力的能力，我們叫它策略管理能力。策略管理能力包含兩個部分的能力。第一個就是我們一直所講的策略制定能力，包括：如何定位客戶價值以進行錯位競爭，以及現在所談的，如何設計能力平臺以實現差異化的客戶價值。第二個則是策略執行能力，這就是本書所要討論的主要問題。

如何設計能力平臺？

首先需要設計企業的價值實現機制。企業需要根據所屬行業的特徵以及企業自身的價值定位，制定相配套的價值實現機制。在此需要關注兩個問題：

◆ 我們應當涉足價值鏈的所有環節，還是僅關注其中的某些部分？
◆ 價值鏈的哪個環節具有最大的價值創造潛力？

策略大師麥可・波特認為「策略的根本在於企業的活動，也就是選擇與競爭者不同的方法從事這些活動，或者選擇從事與競爭者不同的活動」，麥可・波特還認為「活動就是

競爭優勢的基本單位」。

我們看看西南航空（Southwest Airlines）是怎麼做的。西南航空是一個經典案例，我們重點介紹西南航空在價值實現機制上的特色。

西南航空公司是一家建立於1960年代後期的航空公司。在最近的十年中，一共僱用了將近2.6萬名員工的西南航空公司，收益增長了388%，淨收入增長了1490%，公司連續31年盈利。西南航空還是唯一一家曾經贏得航空業「三連冠」——少延誤、最少顧客抱怨、行李處理出錯最少的航空公司。根據美國聯邦航空總署的安檢報告，西南航空的安全紀錄也非常傲人，不僅從未發生過飛機失事，而且機師偏航失誤最少。它被《財富》雜誌稱為「有史以來最成功的航空公司」。

西南航空的成功取決於它明確的策略。

在價值主張上，西南航空將目標市場定位於商務旅客、家庭、學生等對價格敏感的族群。西南航空的價值主張是，不需要豪華的裝飾，只要好服務、好價格、準時到達。為此西南航空提高班次的密度，最大化地縮短旅客的在途時間。西南航空的廣告詞：「飛機的速度，汽車的價格——隨時恭候您」，無疑對目標客戶具有極大的吸引力。

問題是，西南航空如何做到這些？

這就必須要研究西南航空的價值實現機制，見圖 5.1。我們分析一下西南航空在每一塊是如何做的，從而說明西南航空的成功祕訣。

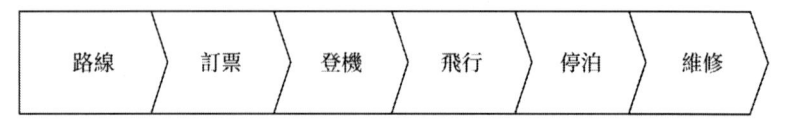

路線 〉 訂票 〉 登機 〉 飛行 〉 停泊 〉 維修

圖 5.1 西南航空的價值實現機制

一、路線

西南航空避免與各大航空公司直接競爭，專門尋找被忽略的國內潛在市場。它遵循「中型城市、非中樞機場」的基本原則，在一些航空公司認為「不經濟」的航線上，以「低票價、高密度、高品質、點對點」的短途班機開闢和培養新客源。西南航空的大多數航線，它的票價甚至比城市之間的長途巴士票價還要便宜。

西南航空以其可靠而廉價的產品，打破了航空業和公路運輸業的界限，吸引了原來搭乘汽車的旅客，增加了航空市場的需求。

二、訂票

高效利用 IT 系統，儘量採用自動售票機，有限度地透過旅行社，以儘量減少仲介費用。比如，西南航空在登機門前

設置自動售票機,讓旅客可以像購買車票一樣購買機票,配合西南航空的高密度班次。

三、登機

為了減少飛機停留地面的時間,西南航空在飛機上提供有限的服務。西南航空不為旅客設置休息室,不提供行李託運服務,也不指定座位,旅客採取先到先座的方式,有效降低了旅客的整體登機時間。

西南航空的登機時間通常不超過 15 分鐘。多種方式不僅降低了成本,而且透過提高飛機使用率最大程度地獲得利潤。

四、飛行

西南航空只使用單一機型 —— 波音 737 飛機。由於機型單一,所有飛行員隨時可以駕駛本公司的任何一架飛機,每一位空服人員都熟悉任何一架飛機上的裝置,因此,機組的出勤率、互換率以及機組配備率都始終處於最佳狀態。

高機組出勤率,每架飛機平均一天 12 小時在天上飛。西南航空強調溫馨的艙內服務,但不提供餐飲,也不提供高級艙位服務。

五、停泊

儘量利用不擁擠的機場,以避免由於飛機起降流量管制影

響班機起降時間。另外,在大城市,西南航空多選擇較舊的機場,或者和市區交通便利的小型機場,以減少機場使用費。

西南航空以其高速轉場(quick turnaround)聞名。所謂高速轉場,指儘快使飛機離開登機門,以使飛機停留在地面上的時間減至最少。所以,西南航空不提供與其他航空公司的轉機業務,也不提供跨航線行李轉運。

六、維修

由於機型單一,西南航空全公司只需要一個維修廠、一個航材庫、一種維修人員培訓、單一機型空勤培訓學校。單一地點,規模化的後勤支持,最低條件的配件庫存,從而讓西南航空始終處於其他任何大型航空公司難以企及的高效率、低成本經營狀態。

透過業務活動的創新,這樣一整套價值實現機制,讓西南航空能夠高效地實現自己的客戶價值主張,在傳統行業劃分的邊緣地帶,實現了自己的「藍海」。

而隨著這套價值實現機制的日趨成熟,西南航空採取「在每一個新機場做與原來相同的事情」的發展策略,而得以迅速地增長。

能力平臺支援價值定位的實現

確定了價值實現機制,進一步,我們需要找到可利用的優勢,釐清需建立的能力,以設計自己的能力平臺。能力平臺是為價值實現服務的,所以,能力平臺的設計需要與價值定位配合。可以說,價值定位引導能力平臺的設計。

設計能力平臺,需要回答這兩個問題:

◆ 我們應該在價值鏈的哪個或哪幾個環節發揮和強化自己的能力優勢?
◆ 我們應該彌補或消除的能力劣勢是什麼?

一般而言,有三種通用的價值定位可供企業選擇,見圖 5.2。

最低總成本	價格	品質	時間	訂製	功能	服務	關係	品牌
產品領袖	價格	品質	時間	訂製	功能	服務	關係	品牌
客戶解決方案	價格	品質	時間	訂製	功能	服務	關係	品牌

圖 5.2 三種通用的價值定位

每種價值定位的差異化因素不同,同時對能力的要求也不一樣。我們逐一分析每種定位,以便進一步理解,能力平臺與價值主張配合的策略原則。

第二部分　重新解讀平衡計分卡的四個層面

一、最低總成本

最低總成本是為客戶「提供連貫、即時和低成本的產品和服務」。這種價值定位，強調的是產品和服務的價格、品質、時間以及品牌的可信賴性。為了實現這種定位，在內部能力要求上，需要具備優異的供應鏈管理能力和產能管理能力，以確保高效的運作，降低成本、提高品質、縮短產品生產和交付的週期。

二、產品領袖

產品領袖的定位，主張「突破現有表現，提高產品和服務的需求程度」。這種價值定位，會產品和服務的上市時間、產品和服務的功能以及品牌的附加價值。在這種定位下，企業需要具備的優秀能力是新技術的發明，新產品的研究和開發，新產品上市的速度，以及市場推廣能力。

三、全面客戶解決方案

全面客戶解決方案旨在「為我們的客戶提供個性化的全面解決方案」。

這種價值定位，透過訂製化以滿足產品和服務的個性化需求，強調服務，並重視對客戶需求的深刻理解，與客戶建立密切的連繫。同樣，這種定位，需要企業具備優異的工程技術能力、諮商服務能力，以及客戶關係管理能力。

對客戶價值的選擇,是一種策略定位,從中決定了能力平臺的定位。不同的價值定位對能力組合的要求不同,因此在新策略下,對能力的建立要求也會不同。企業需要根據價值主張的要求,建立自己的能力平臺。價值主張高的因素,相應的業務能力就要高;價值主張低的因素,相應的業務能力就需要低。

設計企業的能力平臺,是設計策略所需要的更深入的技能。這種技能,展現為一種「高層次的競爭力」,它將協調和引導企業對「低層次競爭力」的要求,如:採購、研發、生產、銷售等階段的能力配置。這些「低層次競爭力」有高有低,反映了企業競爭力的特色,是企業策略選擇的結果。

業務能力組合我們稱之為能力平臺,也可以叫做「能力指紋」,見圖5.3。「能力指紋」的名稱意味著,每個人的指紋是不同的,每個企業的「能力指紋」也不同。而且,有策略的企業,它的能力平臺一定是參差不齊的。

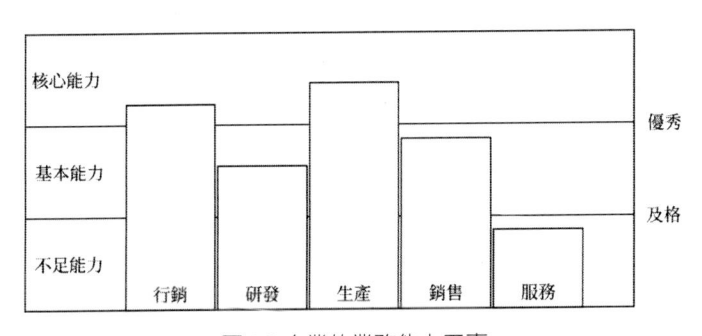

圖 5.3 企業的業務能力平臺

分析業務能力的高低，不能與自己比較，而是要與競爭對手比較，與市場對競爭力的普遍要求比較。企業不妨畫出能力水準的市場及格線和優秀線，透過這兩條線，才能真正看出，到底哪些能力是核心能力，哪些能力是不足能力，並釐清能力「瓶頸」所在。以目標客戶為導向，以競爭為參照，發現和解決能力「瓶頸」，是策略管理的關鍵問題。

與時俱進地打造核心能力

建立能力平臺的過程中，關鍵在於打造核心能力。核心能力（Core Competence）是1990年由美國著名管理學家普哈拉（C.K. Prahalad）與哈默爾（Gary Hamel）提出的。他們在《哈佛商業評論》上發表了一篇題為「公司核心能力」的文章，提出了「90年代執行長的能力將要用他們是否能夠辨識、培養和開發企業核心能力來衡量」的新的管理思想。

麥肯錫（McKinsey）將核心能力定義為：

A core competence is a combination of complementary skills and knowledge bases embedded in a group or team that results in the ability to execute one or more critical processes to a world class standard。

核心能力係指一個群體或團隊中，彼此互補的專業技能與知識結合成的特定能力，足以執行一個或更多關鍵流程達到世界級水準。

表 5.1 所示為幾個世界級公司的核心能力。

表 5.1 世界級公司的核心能力

公司名稱	核心競爭力	市場／產品／經營
日本本田公司	發動機和電動車技術	摩托車、汽車、發電機、割草機等
美國 3M 公司	黏著（黏性材料）技術	砂紙、磁帶、錄影帶、便利貼
日本索尼公司	小型化、袖珍化技術	袖珍錄影機及收錄音機、小型液晶電視等
日本佳能公司	光學與圖像技術	影印機、照相機、雷射印表機

這裡，麥肯錫所談的核心能力是基於世界級水準。對於廣大的中小企業而言，我們談核心能力，可以將其鎖定在現有的競爭領域內。隨著競爭層次的提高和競爭領域的擴大，我們可以擴大核心能力的比較範圍，以找到差距和努力方向，避免成為「井底之蛙」。除此之外，核心能力的概念對中小企業還是非常適用的。

為進一步澄清核心能力的概念，還需要做出三點重要說明：

1. 核心能力不是產品和功能，而是知識和技能。核心能力是由彼此互補的專業技能與知識的組合而達成的。近來流行學習型組織，這與核心能力的概念是分不開的。所謂學習型組織，就是要創造一種文化和氛圍，建立學習的態度和能力，不斷提高員工的知識和技能程度。

2. 核心能力不是幾個優秀人才，而是企業可以不斷吸引和留住優秀人才的環境和機制。

3. 有一種很重要的核心能力類別,是技術能力。

客戶的需求在變,競爭的基礎在變,企業的策略也在變,所以沒有一勞永逸的核心能力,所謂的核心能力應該與時俱進,不能成為「核心剛性」。事實上,基業長青不取決於核心能力,而取決於策略管理能力。策略管理能力是一種應變能力。這種能力首先能根據環境變化,迅速有效地制定新策略,讓企業所需要的核心能力因策略的改變而改變。其次,這種能力能迅速有效地執行新策略,讓新核心能力的建立迅速有效。

克里斯坦森(Clayton Magleby Christensen)在其著作《困境與出路》(*The Innovator's Solution: Creating and Sustaining Successful Growth*)裡這樣說,「為了在不斷滿足顧客要求的基礎上勝過競爭對手,管理者不應該只關注企業今天最擅長的是什麼,而應該問:我們今天應該掌握什麼,我們未來需要掌握什麼」。

成功往往不會帶來成功。失敗動力學說明,企業會停留在促使他們成功的思維和工作模式上。當企業環境變化時,曾經帶來成功的模式反而會帶來失敗。這樣一種基於成功的陷阱,主要表現在三個方面:

◆ 思考模式。管理者自信滿滿,盲目而驕傲,遠離市場,遠離客戶,對環境的變化視而不見,充耳不聞。同時公司的價值觀,陷入僵化和教條。

◆ 經營過程。企業員工做事情遵循陳舊的制度和流程，以公司的規定為理由，例行公事，漠視和不尊重客戶的需求。

◆ 組織關係。企業與員工、客戶、供應商、分銷商和股東形成了穩定的利益共同體，這種關係，成就了現在的成功，同時也為企業的創新帶來鐐銬和枷鎖。

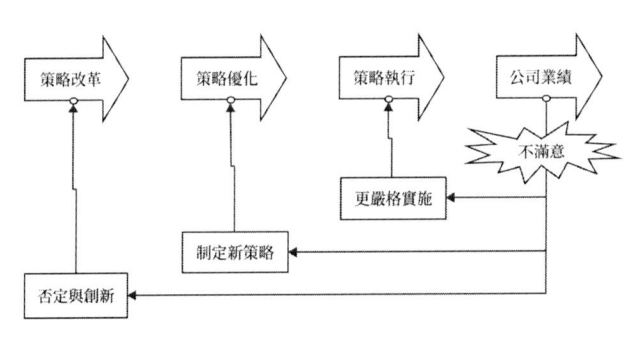

圖 5.4 企業的循環

隨著環境的改變，企業時常陷入這種循環，見圖 5.4。公司業績不好，企業就會強調策略執行。當執行不能解決問題時，企業開始反思自己的策略是否有效，但自我顛覆往往是困難的，或許危機也沒有到那麼嚴重的地步，於是企業便調整和優化策略，以期待改變經營的困局。然而，優化的策略可能只是「查漏補缺」，並不能適應新環境，在根本上解決問題，此時企業經營的危機已經巨大，痛定思痛，企業只能走上否定與創新的道路，透過策略的改革以求得新生。

BOOKOFF 的簡單致勝

筆者與不少留學日本的朋友交談中，說起購買書刊，他們多數會津津樂道一家專售二手書籍的連鎖店——BOOKOFF。

BOOKOFF 是日本最大的二手書連鎖店，出售各種書籍雜誌，以及 CD、DVD、遊戲等。它的分店遍布全國各大中小城市，在那裡總是可以找到你想要的東西，包括當下最暢銷的推理小說、《Jump》最新連載的漫畫、搶手的寫真集，或者是已絕版的學術著作、極具收藏價值的古典文學等。更重要的是，它的售價遠遠低於書的市面價格，通常為新書定價的 50%。

BOOKOFF 在日本擁有大量忠實客戶，並成為不少赴日旅遊的朋友必去場所之一。這樣一家二手書店，在 2002 年度的營業收入高達 213 億日元，躋身日本書店業十強。在經濟不景氣中，BOOKOFF 業績卻持續上升，2010 年上升了 17 個百分點，達成了 710 億日元的營業額。

BOOKOFF 背景介紹

1990 年，BOOKOFF 創始人阪本孝在神奈川相模原市，開設了第一家直營店，開始了二手書的販賣活動。在第二年，就開設特許經營，加盟店誕生。

1993 年，開設 HARD OFF 培訓中心，利用電腦和影音設備培訓加盟店，保證標準化複製，此時分店已經有 100 餘家。

2000 年，在夏威夷開設了第一家海外分店，同年在美國紐約開設第二家海外分店，作為海外擴張的起點。當年 5 月，BOOKOFF 在全球已經擁有 500 家分店。

2009 年，BOOKOFF 已經有 1040 家分店，並擴展到美國、法國、加拿大、韓國等海外市場。當年 BOOKOFF 與全日本最大的老牌書店丸善書店相比，營業額僅有對方的一半，但獲利卻將近丸善書店的兩倍。BOOKOFF 資本額只有 25 億日元，即使不景氣仍賺 10 億日元，每股盈餘逾 4 日元。

2011 年，BOOKOFF 實現營業額 733 億日元，有店鋪 1090 家，員工 6000 餘人。

發現客戶價值

20 多年前，阪本孝想賣吉他，但由於預定店面附近已有歷史悠久的樂器行，廠商不願意提供產品，阪本孝只好賣二手貨。一次，他把外觀磨損但內部大致完好的吉他整理後出清，結果在一天內賣完 322 把吉他。

在日本人頻繁使用的交通工具——JR 電車上，有個有趣現象，乘客的標準動作有四個：看書、玩手機、聽音樂、睡覺。

其中睡覺的占 10%，聽歌和玩手機的占 40%，剩下的都是在看書。大部分是漫畫、口袋大小的文庫書籍（也叫做口袋書），這和日本人怕生（避免在電車中與人對視）以及喜好閱讀有關。上班族、學生們在電車上，習慣隨手將看完的漫

畫、口袋大小的文庫本書籍丟在電車上,形成日本泡沫經濟時的電車文化象徵。

日本泡沫經濟在 1989 年底出現重挫,但當時的日本人沒有意識到,日本即將進入失落年代的經濟黑暗期。已經賣二手樂器二十多年的阪本孝,在 1990 年,人生半百時決定跨入二手書店,成立 BOOKOFF,瞄準這些電車上龐大的漫畫書與文庫本二手書市場。

「二手貨的功能要和新貨相符,乃是理所當然,但外觀上如果也近似新貨,會讓客人更想購買。」阪本孝在銷售二手吉他的經歷中發現,「如同新品」,銷售成功的機會遠高於傳統的二手商品。阪本孝以自己的經驗判斷,如新品的二手書,將是一大商機。

在了解 BOOKOFF 的成功之前,因為國情不同,我們有必要了解一些基本背景。

一、日本的「再販制度」

日本規定國內出版的所有書籍,書店均需按定價出售,不得擅自打折降低售價,但只有兩個例外,二手書以及外文書籍。

二、龐大的閱讀需求

據調查顯示,日本人平均每年閱讀量為 40 本(而華人則

是 4.5 本），在書籍和雜誌銷售額達到頂峰時期的 1996 年，書籍類銷售總額為 1.0931 兆日元，雜誌類總銷售額則達 1.5632 兆日元。這說明在日本有大量的閱讀需求，同時也將產生大量的閱讀完「不再有價值」的書籍，這些都是二手書的來源。

三、沒有折扣的網購

一般網路書店（如亞馬遜）相較於實體書店通常有 7 折左右的優惠，但日本的書籍即使是網購，也和實體書店價格等同，就連早就進駐日本的亞馬遜也是一樣。

日本的書籍市場，以種類繁多、涵蓋面廣、更新速度快著稱。而書店也各具特色，如老牌的紀伊國屋書店，立志打造成「圖書館一般的」淳久堂書店，還有標榜「知識」、「珍稀版本」、販賣擁有儲存價值的古書的古賀書店，另外就是一些小型的社群店，其專售二手書的，在東京就有 800 家。

在當時日本，有兩種舊書店。

一種是社區型的舊書店，在東京這樣的書店，號稱就有 800 家。這種舊書店多半空間狹小，光線昏暗，舊書可能泛黃、汙損，甚至缺頁；店面的書凌亂擺放，有的則隨意放置地上，堆高至天花板。

另一種，則標榜「知識」、「珍稀版本」，販賣擁有儲存價值的古書。比如，沿著靖國通和白山通十字交口開展的神保

釘，以屹立百年的古賀書店來說，一本德日文對照的歌劇絕版介紹，定價 2000 日元，現在要價 3500 日元。另一本昭和六十二年、戰前出版的歌謠譜，薄薄三頁，價值 1500 日元。

二手書店在一般讀者的心目中，除了那些販賣保值書籍的書店，都是小、採光條件差，照明昏暗，泛黃或帶有汙漬的舊書堆在書架或地上，書目較少且殘缺不全，若非不得已，根本不想去那些二手店，何況有時候很難找到自己想要的書籍。

隨著 90 年代日本經濟蕭條，消費者的消費習慣也不得不發生改變。購買書籍時不考慮價格的時代已經改變，人們開始衡量，當月購書的成本是否對日常生活開銷造成負擔。人們對低價書籍的需求越來越強烈，且將有更多的人加入這個族群，將目標鎖定於此的 BOOKOFF，如何滿足他們的需求？

BOOKOFF 將目標市場定在二手翻新書市場上，這個市場的客戶有以下特點：

◆ 閱讀量大；
◆ 有經濟壓力，對每月高昂的購書費用感到困擾；
◆ 多為學生、上班族。

為此，BOOKOFF 制定了自己的口號：以二手書的價格，賣新書的品質。

第五章 內部流程,聚焦價值實現

從表 5.2,我們可以看到 BOOKOFF 的價值主張。

表 5.2 BOOKOFF 的價值主張

價值因素	BOOKOFF 的展現
種類	管理、經濟、藝術、文學書籍應有盡有,還有大量的雜誌、漫畫、寫真、CD、DVD、遊戲等
完整性	在 BOOKOFF 通常能找到全套連載書籍
品質	和新書無異
價格	新書的 50%

價值實現機制

BOOKOFF 向讀者收購廢棄不用的書籍,並採用一種獨特的估價方式,與賣書者簽訂協定並支付書款。所有的舊書送到 BOOKOFF 後,利用一套獨特且難以模仿的翻新技術處理舊書,使之看起來和新書無異,再拿去門市售賣。

而消費者買了書之後,經過閱讀,一部分書籍又成為廢舊之書,再將這二手甚至三手書籍交給 BOOKOFF,由此形成了 BOOKOFF 最短且最簡單的供應鏈模式,越過傳統的「出版社 —— 批發商 —— 零售店」流通模式,節約了大量成本,在管控方面也簡單許多。

BOOKOFF 的收購管道有三種:到店售書,由客戶主動到 BOOKOFF 門市售書,當場估價、簽訂協定並付款,是二手書店傳統的收購方式;上門售書,客戶可撥打年中無休的 BOOKOFF 熱線,預約上門售書,省去客戶的外出成本;宅

配，為了方便客戶售書，BOOKOFF 與佐川急便聯合，推出「宅本便」服務，客戶自行將舊書打包，寄至 BOOKOFF 分店，三天內完成估價付款。

針對舊書的定價方式如何才算合理？究竟是當下流行的書籍價值高，還是較早的或許有收藏意義的書籍價值高，這一直是二手書市場的難題，更被業內人士稱「十年以上」方能培養出眼光，而 BOOKOFF 卻完全捨棄這一套，將舊書分為四類：

A 類：看來像新書，可以直接出售的，按原價的 10% 收購；

B 類：擦拭整理後可以出售的，按低於原價的 10% 收購；

C 類：有無法擦拭、修補的痕跡，按每本 10 日元收購；

D 類：封面脫落、滿是塗鴉筆記，0 元收購，但可嘗試修補。

值得一提的是 BOOKOFF 的獨特銷售方式。

BOOKOFF 有兩種銷售管道：一是門市，提供乾淨整潔的購物環境，服務周到；二是宅配，透過「BOOKOFF ONLINE」提供網購服務，超過 1500 日元就免收取郵資。

在價格方面，BOOKOFF 的書籍一般定為原價的 50%。只要超過 3 個月沒賣出去（表示買的人覺得書的價值小於目前價格），那麼這本書就自動降價到 100 日元。同樣一本書，如果庫存超過 5 冊，自第 6 冊起也一律標價為 100 日元。另外，

如果當天收購了不少舊書，而書架上已無合適空間，就先把架上的舊書打進「100日元專區」，再把新進舊書放到架上。

BOOKOFF正是以這種簡單的模式，為迅速擴張奠定了良好的基礎。它跳脫傳統的二手書市場定位，將賣場現代化，不強調珍惜儲存，而強調流通。收購時不關心書是否獲獎、作者是否名家，而僅關心書是否乾淨完整，售出時一律半價並搭配固定折扣方式，保證書店的活力，這種簡單得連小學生都懂得的出價與定價方式，複製起來非常簡單且容易上手，使員工很快成為可用戰力。

BOOKOFF不但提供了「以二手書的價格賣新書的品質」的服務，同時也給了另一方面的客戶——「不捨棄之人」，再次賦予書籍價值的服務。BOOKOFF回應了那些認為「所有物品都有自己的生命，購買——使用——丟棄的消費行為是可恥的」客戶的需求。眾多讀者十分願意將舊書提供給BOOKOFF，保證了BOOKOFF的貨源。現在BOOKOFF一年流通兩億本書籍，其中85%的書籍是日本人主動賣給BOOKOFF的。

BOOKOFF掌握了日本人「物盡其用」的觀念，以及日本經濟蕭條的社會背景，結合主觀、客觀兩方面因素，透過商業模式的創新，很好地貫徹其「透過積極的商業活動為社會做出貢獻，共同追求全體員工的物質、精神兩方面幸福」的經營理念。

「木桶定律」的策略悖論

管理上，會經常談到著名的「木桶定律」，意思是說：一個木桶由許多塊木板組成，如果組成木桶的這些木板長短不一，那麼這個木桶的最大容量不取決於長的木板，而取決於最短的那塊木板。「木桶定律」被引用到企業管理上，以「木桶」的最大容量象徵企業的最大實力或競爭力，以長短不一的木板代表企業在價值鏈各環節的不同能力，旨在告誡企業家，企業業績的大小取決於企業能力的最短板，企業管理的重點就是發現和彌補這些最短板。

「木桶定律」的策略悖論

「木桶定律」（Cannikin Law）用木桶裝水的意象解釋企業管理原則，闡述的道理十分清楚，眾多的企業管理者也就不假思索，信以為然。然而，據此行事卻帶來慘痛的教訓，被誤導的邏輯所造成的災難已不勝數。因為，將「木桶定律」引用到企業管理上，本身就是一個錯誤，而且錯的位置還很關鍵。因此，必須將事情再講明白，同時也談談正確的策略邏輯。

為什麼錯？原因在於，「木桶定律」有一個隱含的前提：水足夠多，裝多裝少取決於木桶的容量。這個前提，對於企業來講，是不存在的。

在競爭的環境裡，企業要問的第一個問題是：如何才能裝到水？第二個才是：如何才能裝滿水？如果我們以能裝多

少水,代表企業可以獲取的市場規模,那麼「木桶定律」的假定是,市場沒有競爭,獲得多少客戶取決於企業能力的最短板。然而,企業的現實是,市場上有很多的「木桶」去爭取有限的「水」,也就是客戶。

我們談企業經營,其實也有隱含的假設,主要有三個:第一個,客戶有不同的要求,而且客戶可以實施選擇權,在可選擇、可對比的情況下,客戶不會退而求其次;第二個,行業是存在競爭的,行業內的企業都在爭取有限的客戶「錢包」份額;第三個,企業的資源是有限的,企業不可能什麼都做得好,滿足所有客戶的要求。對絕大部分企業來講,這三個假設都是成立的。

若不了解木桶裝水與企業經營假設的不同,並依「木桶定律」進一步推理——「在企業的銷售能力、市場開發能力、服務能力、生產管理能力中,如果某一方面的能力稍低,就很難在市場上長久獲利……任何一個環節太薄弱,都有可能導致企業在競爭中處於不利位置,最終導致失敗的惡果」。甚至還可以看到,根據「木桶定律」,推理出如下三個結論:

◆ 只有構成木桶的所有木板都足夠高,木桶才能盛滿水;
◆ 所有木板比最低木板高出的部分都是沒有意義的,高得越多,浪費越大;

◆ 要想增加木桶的容量，應該設法加高最低木板的高度，這是最有效也是最直接的途徑。

將短板補齊了，讓木桶裝儘量多的水，實際上是在短缺經濟的環境下，企業謀求擴張的延續，而非在市場競爭環境下，企業如何做強的競爭優勢邏輯。

存在競爭，企業就必須要有自己的競爭特色。可以想像，如果我們將木板做得都等高是什麼情景，也就是說，企業的競爭力是平均的，企業將毫無自己的競爭特色。沒有競爭特色，企業這個大木桶將無水可裝，因為沒有足以吸引客戶的東西。

策略決定了「能力木板」的形態

存在競爭就存在策略，經營策略需要根據客戶的不同要求，進行艱難的選擇。企業存在的價值是服務客戶，而客戶的要求是各式各樣的，一個企業在市場上的競爭不能盲目。比如，售後服務，一般而言有三個關鍵的滿意度因素：品質、時間、價格，分析一下音響產品的客戶對售後服務的要求，就可以看到，不同的客戶在這三個因素上的要求截然不同。

有些客戶希望購買優質和快速的服務，而不太在乎價格。比如，電臺、電視臺的專業音響工作室，在音響系統故障時，他們希望快速的、能即時解決問題的維修服務，而不在乎價格。對他們來講，音響系統故障的時間越長，帶來的

損失就越大。

有些客戶希望獲得優質的服務和低廉的價格，但對速度並不關心。比如，專業的音響愛好者，他們希望獲得優質的售後服務，使用原廠配件，維修後音響的品質不受影響，同時，他們希望收取的服務費也不要太高，不過，兩個星期、一個月甚至更長時間的等待，他們都可以接受。

「實惠」是眾多客戶考慮問題的關鍵因素，比如一般的音響愛好者，在一定的經費預算下，他們願意購買能夠滿足自己基本要求的產品，而放棄品質和服務速度方面的額外要求。他們在機器故障時，可以接受由自己送到售後服務站去維修。

針對這三種類型的客戶，企業必須進行選擇。企業必須釐清：我們的客戶是誰？他們為什麼要選擇我們的產品和服務？他們看重的是品質、速度還是價格？企業只有進行選擇，才知道如何做，以更好地滿足客戶。

對客戶的選擇是企業的一種策略定位，這種定位決定了對企業競爭力的建構要求。企業需要根據目標客戶的要求，建立自己的「能力木桶」。

客戶要求高的地方，能力木板也就相應地要高；客戶不注重的地方，能力木板就可以相應地低。

比如上述的第一類客戶，客戶對服務有很高的要求，那麼企業就必須了解這些客戶的要求是什麼。對這類客戶，企

業可以承諾確保 24 小時內修復，做好內部流程安排，致力達到這個目標，並對客戶的維修滿意度進行監測。

規劃企業的「能力木板」，是制定策略所需要的更進一步技能。這種技能，展現為一種更高層次的競爭力，它將統一協調和引導企業對低層次競爭力的建立要求，如：採購、研發、生產、銷售等環節的能力建立。這些低層次的競爭力如同木桶的木板，它們有長有短，反映了企業競爭力的特色，本質上是展現了企業與眾不同的策略，是企業策略選擇的結果。

企業不應該滿足所有客戶的要求，而是必須進行選擇，確定自己的目標客戶。企業也不應該滿足目標客戶的所有需求，而是應該滿足目標客戶的目標需求。這兩點，是制定企業經營策略的基本原則。企業可以不做選擇，但結果是不同的客戶都被做出不同選擇的企業所吸引，因為他們能夠更好地滿足自己。不做選擇，從表面上看，是將所有的市場納入目標範圍，然而實質上，是沒有市場。

有策略的企業，它的「能力木板」一定是參差不齊的，比最低木板高出的部分，不是浪費而是必須。企業在做策略定位選擇時，應該揚長避短；在策略選擇後，則應該不斷彌補制約性「瓶頸」，加強和發揮優勢長板的槓桿作用。有些企業，往往在市場上是有所選擇，但並未進一步深入到企業內部，將目標客戶的要求轉化為企業的能力建立要求。

競爭決定了什麼是能力「瓶頸」

如前文所述,將「木桶定律」引用到企業管理上,並沒有關注客戶的要求,是一種自我為尊的管理邏輯。另外,「木桶定律」也是一種孤立導向的邏輯。因為「能力木板」的長短評價,是企業各方面能力自我分析比較的結果,而不是以競爭為前提,從相對的角度分析企業能力的長短。這樣的分析結論,在市場競爭中,就失去了意義。

分析企業能力是短板還是長板,不能與自己比較,而是要與競爭對手比較,與市場對競爭力的普遍要求比較。企業不妨畫出能力水準的市場及格線和優秀線(兩條線在這裡也是「雙線法則」的又一種應用領域),透過這兩條線,才能真正看出,到底哪些能力是長板,哪些能力是短板,並分析出能力「瓶頸」何在。以目標客戶為導向,以競爭為參照,分析和解決能力「瓶頸」,才是企業管理的關鍵問題。

見圖 5.6,某 A 大學數學系的競爭分析。

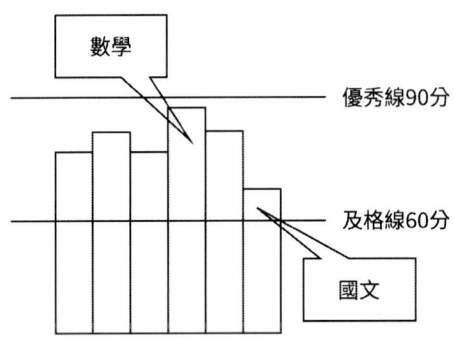

圖 5.6 某 A 大學數學系的競爭分析

比如，某位高三考生數學特別好，各課成績都不錯，但國文較差。根據自己的實際情況，他決定考大學的數學系。他確定的最低目標是考取某 A 大學的數學系，根據以往的錄取情況和他自己的實力，他做了一個備戰分析：六門課程滿分是 600 分，總分的最低錄取要求是 480 分，自己應該可以達到 500 分；數學需要達到優秀線的 90 分，才能被數學系錄取，這一項自己還需要努力，才可以達到；國文只需要達到及格線的 60 分，但猜想可以拿到 70 分。在這個目標下，雖然國文是弱項，但不構成「瓶頸」，數學雖然是長板，不過卻是「瓶頸」，還得加強。在這個案例中，某 A 大學是他的客戶，競爭的要求是數學 90 分、國文 60 分、總分 480 分，這位考生必須滿足。

　　企業不斷發揮長處、彌補「瓶頸」的結果，是企業不斷更新競爭層次。當企業在低層次上，已經於各方面無可匹敵時，企業發展的要求，需要企業在更高層次上、更廣闊的範圍內參與競爭。面對更強勁的競爭對手，企業的「能力木板」仍需不斷地提高，但這種提高是基於平均水準的提高，如果企業的策略定位沒有改變，那麼企業「能力木板」的組合形態也應該是維持原狀的。

　　見圖 5.7，某 B 大學數學系的競爭分析。

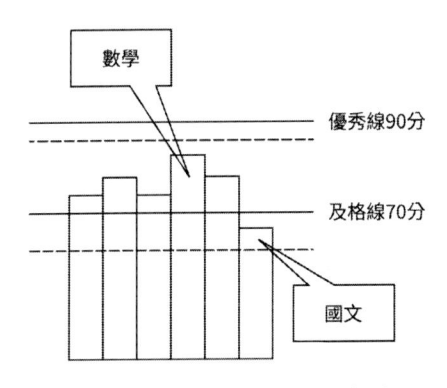

圖 5.7 某 B 大學數學系的競爭分析

再來分析前文所述高三考生的備戰情況。他確定的最高目標是考取某 B 大學的數學系。根據以往的錄取情況，他知道六門課程的總分要達到 520 分，數學起碼要達到優秀線的 95 分，國文不能低於及格線的 70 分。根據戰況看，國文已成為「瓶頸」，首先得解決，數學雖然是強項，不過依然是「瓶頸」，也還得加強，另外總分必須達標。

對這位考生來講，考某 A 大學還是某 B 大學是不同層次的競爭。競爭更新了，總分的要求也就相應地提高，他需要提高整體的實力水準。不過不變的是，強項數學仍是「瓶頸」，還得加強，弱項國文構成了新的「瓶頸」，需要彌補。將國文補到數學的水準，對他來講，並不是現實的選擇，也不是合理的選擇。因為他的學習時間和精力是有限的，另外，他的目標也不是考中文系。

第二部分　重新解讀平衡計分卡的四個層面

結論

　　基於以上分析,我們可以發現,「木桶定律」被引用到企業管理,是一種關乎全域性的整體性策略邏輯。這種策略邏輯的根本性,導致在這個源頭上的「一念之差」,就會形成後續工作的天差地別。然而不幸的是,「木桶定律」的策略悖論非常嚴重,並廣泛地誤導了眾多企業的管理。它以一種孤立的、絕對的思考方式,教導企業如何看待自身的能力問題,而不是引導企業,以競爭為參照,以客戶為導向,建立自己的「能力木板」,解決自身在發展中存在的能力「瓶頸」。「木桶定律」的策略悖論,由此而知。

第六章
以學習成長為出發點,聚焦能力提升

組織系統是核心競爭力的「核心」

業務能力直接創造客戶價值。策略要成功,取決於業務能力。如何建立業務能力,以及如何提高業務能力,就成為必須回答的問題。要建立和提高業務能力,首先得釐清,業務能力是如何形成的?理解業務能力的來源和構成,對於如何建立能力也就能瞭然於胸。

在這一節,我們將分析學習成長層面與業務能力的關係,以及與策略的關係。學習與成長層面是平衡計分卡的出發點,是企業競爭力的來源,是企業核心能力的「核心」所在。建立難以被競爭對手複製的核心能力之「核心」,將會為企業帶來長期且可持續的競爭優勢。

見圖 6.1 所示,員工透過發揮自己的知識技能,利用企業的各種資源,從而形成企業的各項業務能力,如,行銷、研發、生產、銷售和服務等。

員工知識技能的發揮以及企業資源的利用,受到企業組

織系統的影響，擁有同樣水準的人力資源以及相同資源的企業，在不同的組織下，產生的效益會差異巨大，進而導致企業競爭力的不同。

透過解剖業務能力，我們可以看到，企業的競爭力受到人力資源（知識技能的水準）、組織系統（知識技能的發揮）以及企業資源（資源的利用）三方面的影響。所謂的競爭力，都是外在的表現，根源來自企業的人、組織和資源綜合協調作用，才能產生。

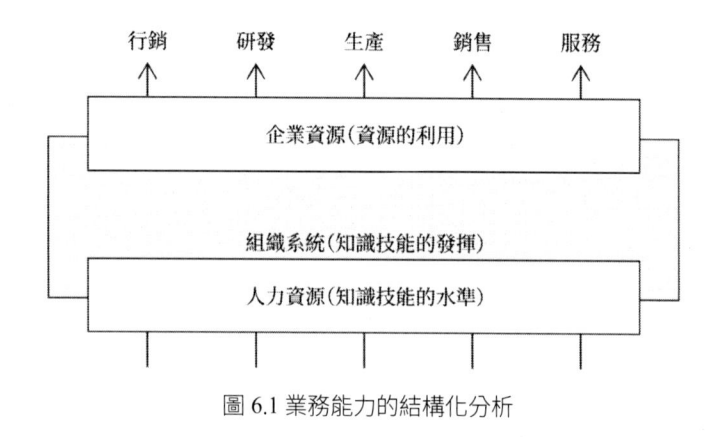

圖 6.1 業務能力的結構化分析

其中，組織系統是競爭力的「核心」，組織系統串聯人力資源與企業資源，並對人力資源與企業資源的利用施加影響。組織系統承上啟下，扎根於內部，不僅能有效提升企業的競爭力，而且可以為企業帶來可持續的競爭優勢。

需要注意的是，滿足乃至超越客戶期望的業務能力建立

要求,決定了企業的管理哲學和組織系統。也就是說,策略決定了組織,管理始於策略。

下面我們對此三部分,分別加以說明。

1. 人力資源

所謂的人力資源,其「資源」二字的實質,指的是人所攜帶的知識技能,否則人將成為一個軀殼,失去了「資源」二字的實際意義。僅從「資源」的角度看,人力資源涉及兩個問題,一是人才的數量,二是人才的品質。

人才的數量關係到企業是否有足夠的人手去做事,企業發展壯大了,往往需要更多的人加盟。通常,數量問題基本上可以透過應徵來解決,方法無非是提高薪酬和福利待遇的吸引力,以及提高事業發展前景和企業文化的吸引力。然而,來的人留不留得下,能不能發揮作用,就涉及企業的組織系統。

知識技能是企業競爭力的輸入,知識技能水準的高低,從根本上決定了企業的競爭力。我們談人力資源,更關心的是知識技能的水準。

人才的品質決定了知識技能的水準,人才品質當然也可以透過應徵加以解決。不過,再高品質的人才,也只能說是「毛坯」的品質高。要將這些人才的品質真正轉化為企業所需要的品質,勝任企業的工作,還得對這些人才進行「加工」,

也就是說需要提供相應的在職訓練。這些培訓，不僅包含工作需要的知識技能，還包括員工的心態、信念等企業文化方面的內容。這也涉及組織系統。

所以說，人力資源的數量和品質問題，說到底還是企業的組織管理問題。中小企業在這兩個方面，都存在一些典型問題，制約了企業的發展。

所謂的知識技能，「知識」是「了解做事的方法」，「技能」是「掌握做事的方法」。知識需要學習和領悟，而技能需要練習和體驗。知識往往是有形的、顯性的，而技能往往是無形的、隱性的。知識和技能是能力的兩個構成要素，可以說，知識技能的發揮，就是能力的發揮。經驗往往可以累積知識和增強技能。也就是說，經驗可以增加能力。

需要了解的是，知識是不能創造價值的，而只有應用知識才能創造價值。應用知識的過程，往往需要技能。技能是知識與價值之間的轉化器。

也可以說，知識是資源，技能是能力，資源需要能力才能發揮價值。

如何提升知識技能的水準？答案很簡單，需要不斷地學習和成長。自此還延伸出一個問題，即如何管理知識和利用技能？

我們可以用知識和技能的管理模型，見圖 6.2，以釐清四

個方面的工作。

一、從技能到知識的轉化。很多時候,我們需要歸納和提煉技能,將無形的技能轉化為有形的知識,將隱形的技能轉化為顯性的知識,以充分利用和發掘所累積的技能,進一步學習和分享。

二、從知識到知識的整合。孤立的知識發揮的作用有限,企業需要整合散布在各個角落的知識,並建立知識分享的平臺,讓知識發揮更大的價值。

三、從知識到技能的提升。知識是有效發揮技能的基礎,錘鍊技能,需要從實踐到理論,再從理論到實踐,形成螺旋上升的曲線。

四、從技能到技能的傳遞。這就是我們經常採用的「傳、幫、帶」師徒機制,師傅透過手把手的教學,讓徒弟快速掌握做事的方法。

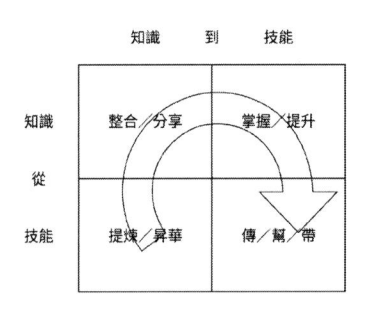

圖 6.2 知識和技能的管理模型

員工知識技能的輸入,在本質上決定了企業的競爭力,這也是學習成長層面何以如此重要的原因。

2. 組織系統

組織比人才更重要。企業界流傳一句話:外面的人進不來,進來的人起不來,起來的人留不住,留住的人啟不動。這無疑是組織不力的真實寫照。

組織系統決定了員工知識技能的發揮程度和發揮效率,也決定了企業資源的利用程度和利用效率。再多的人才,再好的人才,再多的資源,再好的資源,如果不能有效的組織和利用,必然難以發揮價值,達成期望的結果。這就關係到每一個企業,如何組織自己的人才,如何利用自己的資源,以完成企業的使命。

這正是管理的命題,也就是下節要著重探討的問題。

3. 企業資源

企業資源依照對競爭優勢的影響,可以分為獨特資源和一般資源。

一、獨特資源,是那些對組織的競爭優勢有著至關重要影響的資源,獨特資源幫助企業向客戶提供更高的產品和服務的價值,這種資源優於競爭對手,且難於獲取,比如:特別的廠房位置,稀有原材料、特殊關係、品牌信譽、技術訣

竅、專利、版權、商業機密、客戶資料庫、行業市場數據、政策資訊等等。

二、一般資源，是指在行業中生存所需要的基本資源，比如：可用資本、廠房和裝置、經營執照、通用原材料、行銷管道等等。

正常情況下，資源不能獨自發揮作用，必須有流程的介入。流程是運作各項資源的活動，從而產生各項能力。實際上，企業業績的好壞，通常與流程有關，而非資源。這主要是因為資源利用的效果，會受到流程有效性的影響，而流程是組織系統的一部分。

上面所談的企業資源，並沒有說到人力資源。人力資源可以是獨特資源，也可以是一般資源。不過，即使人力資源是獨特資源，這種資源所帶來的競爭優勢，也往往只是暫時的，因為隨著人才的流失，競爭優勢也將消失。這樣的情況，許多企業都在發生。

建立企業的競爭優勢，需要獲取和控制資源，特別是針對獨特資源的獲取和控制。許多企業家往往關注在如何獲取人力資源以及某些獨特資源，比如政府關係。這是一種向外求的經營邏輯，企業發展往往需要經歷此一階段，這種思考無可厚非。

不過，當企業發展到一定程度，應該向內求，不能一再忽略企業內部組織系統的建立，以及組織資源的利用。其

實，組織系統可以成為一種獨特資源，為企業帶來競爭優勢，乃至可持續的競爭優勢。所謂可持續的競爭優勢，不能僅依靠幾個優秀人才，而是必須創造不斷吸引和留住優秀人才的環境和機制。

組織系統作為管理的結果，是管理創造價值的舞臺。將組織系統打造成為競爭優勢的泉源，是管理者的使命。這種資源的獲取和控制，需要管理者的長期努力，進而使此資源增值。

組織系統的三大矛盾與對策

管理不善的企業，一般都存在下列一種甚至幾種現象：

◆ 公司的管理機制不完善，在內部管理上缺少控制和協調機制；

◆ 公司部門職能設計有缺陷，難以適應企業發展和管理的要求；部門職能劃分不合理，導致協調成本大幅增加；

◆ 縱向而言，管理流程不順暢甚至欠缺，導致上下級之間的資訊傳遞阻礙，企業高層領導難以掌握下級單位的真實營運狀況並進行有效的業績控制；

◆ 橫向而言，業務流程的不規範和不明確，部門之間協調管道設計不合理，使得組織機構不能快速響應業務發展及突發事件的需要；

- 由於縱向上集權、分權設計不合理，橫向上各部門功能界定不明確，導致關鍵職位責、權、利不對稱，管理上易出混亂，協調上損耗增加，員工工作積極性不高，整體組織效率低下；
- 部門職能設定與人員配備不合理，管理費用居高不下，有的企業發展較快，原有組織不能適應發展需求，需要做組織調整和人員調配；
- 企業人治多於法治，對員工的考核和激勵機制不科學，核心員工難以安心工作，大大影響員工積極性和整體效率。

其實，每一個企業都有三大矛盾，即職責上的分工與合作、權力分配上的集權與分權，以及目標制定上的聚焦與離散。企業管理實際上就是要處理好這三大矛盾，尋求平衡，並達成效益的最大化。管理不好的企業，這三大矛盾尖銳對立，難以調和，造成上述諸多現象，讓企業管理陷入困境。

在此涉及如何「組織」的問題，「組織」在這裡是一個動詞。針對這三大矛盾，我們需要一對一，採取「組織」的三大手法，建立組織的三大管理系統，即流程體系、權力體系以及績效體系，以解決問題。這三大管理系統是健全高效組織系統的關鍵所在，任何企業都應該重視。

關於如何「組織」？還有一個重要的問題，即企業文化。

這一點我們將放在下一節再專門討論。

1. 流程體系

高效的流程體系可以解決分工與合作的矛盾,提高資源的利用效率。

企業必須進行分工與合作。分工是為了提高專業的競爭力,帶來專業性工作效率和品質的提升。然而,分工帶來的負面問題是,專業性分工將帶來職能壁壘,將導致區域性效益最大化,而整體效益不足。這就需要協調各項專業性工作。合作則是為了提高整合的競爭力,將這些專業性功能整合在一起,以共同發揮作用。整合最基本的手段是流程,特別是透過跨職能部門的流程規範和優化,以減少損耗,提高效率。

流程可以從兩個方面為企業創造價值:

一、單獨每項活動的效果

單獨的每項活動,是企業需要完成的具體工作和任務,取決於專業工作的效率和品質,如市場調查、樣品試製等。單獨每項活動的重要性在於,它是整體結果的組成部分,有時候「細節決定成敗」,沒有區域性優化,就難以保證出現整體最優。

二、活動之間連線的效果

活動的連線決定了整體結果的效率和品質。連線的重要

性在於，它保證出現 1 ＋ 1 ≥ ＝ 2 的效果，增強企業的合力，降低企業的損耗。比如，新產品的研發包含一系列的活動，如果這些活動沒有被有效連線在一起，就難以保證新產品的研發達成預期的成果。在現代企業的競爭中，這種 1 ＋ 1 ≥ 2 的效益，往往就是競爭優勢所在。

比如，運動會上常見的 4×100 公尺的接力賽，取勝有兩個關鍵因素：一個是每位運動員的 100 公尺速度，另一個是運動員在 20 公尺交接棒區的速度。

在歷屆的亞運會上，日本接力隊每位運動員的 100 公尺成績在參賽隊伍中不是最好的，但往往能獲得冠軍，原因就是他們交接棒的水準相當高。

企業的一系列活動如何開展，以及這一系列活動如何組合在一起，將決定企業滿足客戶價值需求的能力，這兩方面，最終決定了企業的競爭力。

2. 權力體系

合理的權力分配可以解決集權與分權的矛盾，提高運作的效率。

權力的分配需要遵循四大原則：

一、統一指揮，保證各項重大活動的相對獨立性和完整性；

二、管理明確，避免職能歸屬多重負責和無人負責現象；

第二部分　重新解讀平衡計分卡的四個層面

三、責權對等,每一管理層次上職位的責任、權力和激勵都要對等;

四、有效制衡,執行部門跟監督部門分設,保證監督造成應有作用。

權力的分配,必須首先解決信任的問題,需要在企業內部建立信任系統。

那麼,到底什麼是信任?

筆者的觀點是,有信才有任。信有多少,任才會有多少。信有多深,任才有多重。同時,任有幾分成績,則信會增加幾分程度,任又增加幾分機會。為了將任轉化為信,任與信之間必須加上一個環節,檢查。這樣,信任才能成為一個正循環,信任才能得到不斷增強。

那麼又該如何信任呢?

在這裡,我們可以用兩條線切割出三個空間,以區別信任和管理信任。我們叫它「信任三度空間」(見圖6.3)。

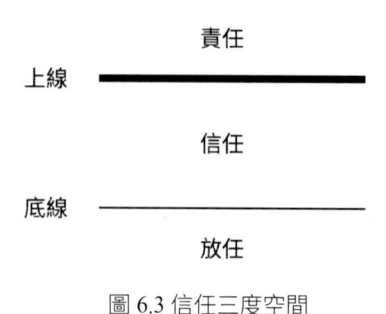

```
                  責任
       上線  ━━━━━━━━━━━

                  信任

       底線  ─────────────
                  放任
```

圖 6.3 信任三度空間

底線是制度。這條線是確保信任不會犯錯，沒有這條線，信任就會成為放任，放任就會帶來違法瀆職的行為。有制度底線的信任才是真正的信任。

上線是目標。這條線是讓信任產生價值，沒有目標，信任就不會轉化為責任。信任雖然美好，但責任才真正讓人放心。

不難看出，責任肩負達成目標的使命，責任才是授權的對象。授權與責任緊密相連，如果授權不能產生責任，不能帶來價值，我們對授權就失去了真正的動力和興趣。如果責任沒有得到授權，責任就難以擔負，目標也難以完成。

授權的對象不是放任和信任。如果對放任授權，那等於是搬起石頭砸自己的腳；如果對信任授權，那就免不了會讓我們失望乃至絕望。只有對建立在底線和上線之上的責任，我們才可以授權，也才可以真正做到責、權、利對等。

3. 績效體系

績效體系可以解決企業目標在向內部傳導過程中出現的離散情況。

我們知道，企業的目標非常清楚，就是實現客戶價值。這可以說是企業的核心目標，因為企業的財務目標，最終還是要靠客戶買單才能實現。然而，以客戶價值為導向的企業目標，在向內部傳導中，會得到稀釋和變異。稀釋是正常

的，因為企業目標必須要落實到部門以及個人才能實現。不過，變異則增加了企業的損耗，比如，部門導向的目標與企業目標的不一致，部門之間目標的矛盾和衝突，以及個人目標與集體目標的不協調，等等。

因此，這就需要建立一套目標系統，這套目標系統需要在企業層級的縱向上保持一致，以讓客戶價值目標不變形、不走樣地傳導到企業的基層員工身上，同時，這套目標系統還需要在橫向上建立協調，以讓各個部門在工作中能夠相互配合和支持。

建立這樣的一套目標系統，需要走好三步。第一步，制定目標，以客戶價值為核心制定企業的經營目標；第二步，分解目標，在縱向上保證目標的承接，在橫向上保證目標的協調；第三步，落實目標，將目標落實到每一個具體職位上。

透過這三步所建立的目標系統，就像一棵大樹。客戶價值是根，樹的主幹是企業經營目標；大枝椏和小枝椏是部門或小組的目標，樹葉是職位的目標。一棵大樹，雖然枝葉茂盛，層層疊疊，然而經絡分明，疏而不漏。

這樣一套目標系統，實際上是一套力量調節系統，將每個人的頻率都協調到客戶價值這一個頻道上，進行共振。執行企業策略，不單是老闆或是總經理一個人的工作，同時也是每一位員工的工作，「萬眾一心」實現客戶價值的目的。

為保證目標的達成，針對這套目標系統，我們還需要控管過程，按既定的軌道執行所有工作，並針對目標達成的情況，進行績效獎懲。績效獎懲是管理的基礎，其他的管理手段和領導技能，都需要以此為基礎施展效能。

　　績效獎懲解決的是機制問題，即員工工作的態度問題：願不願意努力工作，想不想努力工作。目標系統解決的是技術問題，即職位工作的重點是什麼，目標是什麼。目標管理，透過機制和技術這兩種手段，達成底線的管理目的。

　　可以看到，只有員工努力的程度高，努力的方向一致性強，企業才能產生最大化的合力。相反，如果員工努力的程度高，而方向的一致性不強，則企業內部協調難、耗損大的情況就隨處可見，雖然大家都在熱情地工作，但是結果卻差強人意。而如果員工努力的程度不高，但是企業管理得好，內部的目標一致性強，企業還是能夠得到發展，不過，這是一種典型的員工吃公司發展的紅利，混日子、搭便車的情況。最可怕的是，員工不怎麼努力工作，工作的方向性還相互衝突，這樣的企業終將快速走向衰亡。

建立高效的流程型組織

　　流程是將企業各部門及個人的工作連繫在一起的紐帶，是企業管理及經營活動的具體載體，是對部門及個人職責的具體定義。

第二部分　重新解讀平衡計分卡的四個層面

　　解決組織三大矛盾的基礎是流程管理。只有透過流程的梳理，對職位職責進行清晰合理的劃分，才知道每個職位應該擔當什麼職責，進而釐清應賦予什麼權利，同時規定職位應該達成什麼目標。由此可知，流程是所有管理的基礎。

　　從目的上劃分，流程分為管理流程和業務流程兩大類，見圖 6.5。

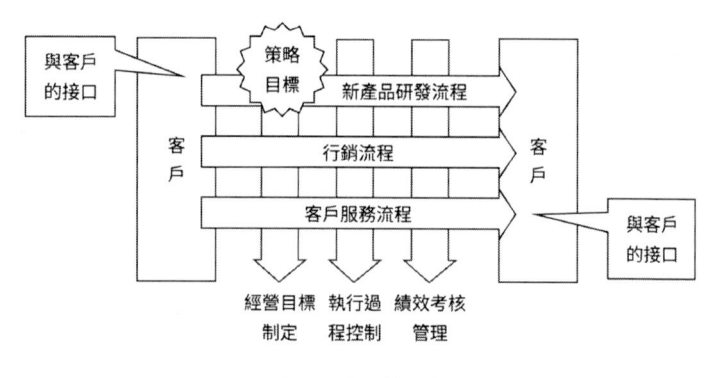

圖 6.5 流程的分類

　　業務流程是橫向的。業務流程是企業直接的價值創造流程，成為一個循環的系統，從客戶需求開始，到客戶滿意結束。業務流程以價值創造為主線，跨越企業的職能邊界與組織邊界，創造出交付給企業外部客戶的最終產品或服務。

　　業務流程是企業以客戶為導向經營邏輯的實踐，具體定義一系列的價值創造活動如何開展，說明「應該如何做事」。一般而言，業務流程是業務部門主管必須親自參與的核心流

程,展現為企業的競爭力。

管理流程是縱向的。管理流程是企業的基礎管理平臺,關乎從目標制定、過程控制到績效激勵的整體過程。管理流程以各層級的目標為主線,強調的是從上到下的經營控制和從下向上的目標實現。管理流程相對於業務流程而言是內部的,具體規定在實現客戶價值的過程中,員工「應該做什麼,應該做到什麼程度」。

一般而言,管理流程是企業高層領導必須親自參與的全域性流程,展現為企業的基礎管理能力。一家管理規範的企業,公司的最高領導層不應該、也無法透過對下屬日常工作的干預來實現管理。因此,管理流程是公司領導層實施企業管理的主要手段。

可以看到,管理流程的目標設定始於策略,業務流程的價值創造也始於策略。企業策略是一切管理工作的源頭。

企業的組織架構相當於人的骨骼架構,組織架構的設定取決於企業的業務模式。不同動物的骨骼架構取決於動物的屬性,老虎和老鼠不一樣,老虎和貓也會不同。業務流程是連結所有骨骼、協調運動整個人體、在特定骨骼之間發揮作用的肌肉,比如,產品開發、產生訂單、訂單履行等。管理流程是連結所有肌肉、為人體協調運動提供指令和營養的神經系統和血管系統,比如,策略規劃、計畫預算、人力資源等。

如何實施流程管理,提升流程的有效性?這是攸關企業競爭力的關鍵問題。

流程管理有流程梳理、流程優化和流程重組三個層次的工作,見圖6.6。釐清職位職責,規範流程運作,提升流程效率,一般都需要進行流程梳理和流程優化工作。流程重組一般是在策略發生變化的情況下才考慮進行的。流程重組需要重新設計企業整體的業務營運模式,對企業的流程結構和流程層次都要重新設計和劃分。

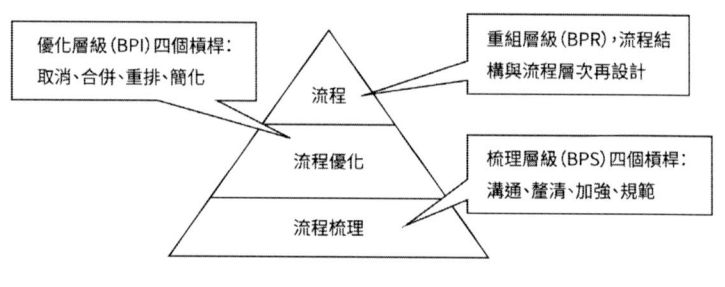

```
優化層級(BPI)四個槓桿:         重組層級(BPR),流程結
取消、合併、重排、簡化           構與流程層次再設計
                    流程
              流程優化
                          梳理層級(BPS)四個槓桿:
              流程梳理     溝通、釐清、加強、規範
```

圖6.6 流程管理三個層次的工作

流程梳理一般有四個槓桿:

一、溝通瓶頸環節。比如,市場調查活動,業務部與市場部工作如何銜接?績效獎懲,人力資源部與財務部的工作如何配合?

二、釐清需要的配合。明訂在關鍵的合作環節,責任如何分配,參與人員如何各司其職,比如,定義產品需求,哪些部門參與?各負什麼責?

三、加強必需的控制。比如，控制新產品的品質，需要召開什麼會議？哪些人參與？如何進行審核？由誰審批？

四、規範工作的產出。比如，新產品各項環節，如何建檔？檔案的規範是什麼？表單有什麼規定？

流程梳理是流程管理的基礎工作，必要的時候，還需要對流程進行優化。不過，在流程梳理的過程中，我們就會發現明顯不合理的地方，此時就會結合流程優化的工作，同時進行。

流程優化也有四個槓桿：

一、取消不必要的請示和審批，比如：上級主管的簽字等。

二、把多個工作步驟或對象合併為一，盡量減少交接次數，比如，某企業同時由商務與市場部管理銷售數據。

三、重排不順暢的活動，並行設計活動，比如，優化新產品調查時，產品部與市場部的重複性工作，理順流程，釐清參與角色。

四、簡化表格或報告，精簡條目，以免形成文山會海，消除徒具形式的檔案簽核流程。

21 世紀以來，企業所處的外部環境發生了巨大的變化。全球化浪潮，使競爭日趨激烈和多元化；技術的日新月異，讓速度成為競爭優勢的重要基礎；顧客的日趨成熟，令客戶

第二部分　重新解讀平衡計分卡的四個層面

價值管理轉變為企業管理的中心。在此形勢下，過往傳統的管理模式已然不能適應發展，組織的三大矛盾日益突出。例如，等級制的職能型組織，割裂的業務流程，導致企業反應速度低下，漠視客戶需求，公司內部官僚習氣嚴重，員工缺乏顧客導向的概念。

新形勢下，如何尋求突破？建立以流程為導向的流程型組織，是企業不二的選擇。為此，企業需要做好如下三方面的工作：

一、組織架構的設計

組織架構應支撐策略執行，設計過程中，應根據企業的價值鏈劃分組織架構，透過釐清策略執行的關鍵流程，分配職能，確定部門的彙報關係、使命和主要職能。同時，還需要根據流程優化的結果，調整和細分組織架構，明確關鍵職位的使命和職責，特別是清晰界定高、中、基層管理人員的許可權，以理順管理關係。

二、管理流程的建立

管理流程應確保對經營過程的控制，需要建立各層級以客戶價值為導向的策略執行目標，確保經營業績評估的關鍵得到有效控制。透過設計科學合理的考核激勵機制，將結果與獎懲掛鉤，促進達成團隊和個人工作績效，樹立業績至上的文化。

三、業務流程的優化

業務流程優化應解決跨部門業務活動的瓶頸,清晰界定關鍵合作環節當事人的責任,以提高經營效率,降低管理成本。業務流程優化還需要提升關鍵環節的效能,提高業務運作的反應水準,以提高客戶滿意度。

業務流程的管理應確保公司的關鍵業務活動按流程運作,在公司內部形成按流程辦事的企業文化。

讓「看不見」的文化發揮競爭力

如前所述,將不同員工的知識技能與資本、技術及其他各種資源進行整合和利用,都需要流程。組織流程構成了業務能力的基礎,在企業內部或外部形成密切、可規範的,並且可預期的行為模式,以達到日常經營的運作高效。

一般而言,流程還包含制度(規範),我們往往將流程和制度合為一體,統稱為流程,所說的流程體系也包含制度體系。流程和制度,讓專業知識技能的應用能夠被固化,並且透過這種方式加以整合和利用。比如,麥當勞的規範化操作手冊,將專家的特長濃縮為一系列高度精準的操作指南,讓每一個員工遵守,以保證產品的品質。

流程的遵守往往是引導性的,而制度的遵守是強制性的。如果人人都能遵守流程,那麼制度的作用可以淡化。當

然，這是一種理想的狀態。在很多時候，我們都需要透過制度，強制流程的遵守。

管理企業應理解，制度比人可靠，並且制度的延展性和可複製性是無窮的，制度才是企業穩健發展的基礎。企業管理首先是制度問題。

不過，制度的成本很高。而且，制度是把雙面刃，它能把員工的不規範行為約束起來，讓員工不要犯錯，讓員工有責任心。但是，制度也會打壓員工的創造性和主動性，讓員工失去上進心。所以，世界上根本就不存在所謂「完善的制度」，能解決所有的問題。因此，需要建立企業文化。

企業管理之難，不僅難在制定和執行一套流程制度，更難在需要讓員工認同和把握流程制度所隱含的價值觀，讓企業的價值觀能夠在企業的各個層面貫徹下去，從而使得員工能夠在各種情況下，都能自動自發地以企業利益為準繩。

這樣一種企業文化的競爭優勢，具體展現在，沒有監督、沒有流程和制度的時候，員工能以企業利益為導向，恰當地處理面臨的問題；在需要的時候，員工能將處理類似問題的慣例轉化成為流程和制度；在流程和制度變得不合理的時候，員工能夠挺身而出，積極主動，承受壓力，廢除舊的流程和制度，制定新的適應變化的流程和制度。

流程是員工「應該這樣做事」，制度是員工「必須這樣做

事」。可以看到，這些都是對員工外在的要求。而企業文化是基於員工內在的認知，是員工自動自發的「我要這樣做事」。企業文化將流程的要求轉化成一種本能，將制度的硬性規定化為無形。所以，企業文化是管理的一種高級形式。

麥可‧波特指出：「如果企業文化與競爭策略相符，企業文化可以強而有力地鞏固一種基本策略以尋求建立競爭優勢。企業文化本身並無優劣之分，它是獲取競爭優勢的一種手段，而不是目的。」

上節我們談到西南航空的價值實現機制，現在我們將進一步，繼續分析西南航空為什麼能持續成功？為什麼競爭對手難以模仿？

西南航空透過選擇獨特而又恰當的市場定位，並透過一套與眾不同的經營模式，成為全球航空界的獨特風景。這種價值定位和經營模式，依靠什麼來落實？為什麼如此明確的策略，競爭對手學不會？原因在於，西南航空透過打造富有特色的企業文化，來落實它的策略。

西南航空營造了一種非常融洽協調的氛圍，公司上下同心，具有極強的凝聚力。公司堅決反對在旺季時大量應徵臨時工，在淡季時則辭退員工的做法。西南航空認為，這樣會使員工沒有安全感和忠誠心。西南航空的人員配備是以淡季為標準，一旦旺季來臨，所有員工都毫無怨言地加班，空服

員甚至機長還會協助地勤人員打掃機艙。

西南航空的管理風格，是其低價格、高服務品質的保證。這種風格的背後，其實有三大精神力量作為支撐：

第一，有毅力、勇於進取且有創新精神的領導團隊。

公司在對手如林的航空業中打出一片新天地，靠的就是這個核心團隊所擁有的明確目標——「賺錢，為每位員工提供穩定的工作，並讓更多的人有機會搭乘飛機旅行」。

第二，公司文化中形成了明確的市場意識。

西南航空將「打破官僚主義」作為企業口號，不僅注重各級管理效率的提高，而且能根據市場變動即時進行調整，幾十年如一日地堅持這一點。

第三，員工中已逐步形成自覺為企業奉獻的精神。

西南航空的企業文化是將公司打造為「充滿愛、關懷和活躍氣氛的大家庭」。企業從不解僱員工，對每個員工體貼入微，尤其對已患重病、無法工作的員工更為關心，使全體員工更安心工作。企業還經常透過各種活動，將做出貢獻的基層員工視為英雄。在這樣的氣氛中，誰不願意努力奉獻呢？西南航空完全塑造了「以人為本」的企業核心文化，全力輔助企業策略的推進。

西南航空還建立了一整套機制來確保推行、維持和發展企業文化，包括以下一些措施：

第一,設立「文化委員會」來建立、發展、維護企業的企業文化。

企業文化建立不可能一蹴而就,也不可能是一次性的工作。西南航空最重要的常設委員會之一就是「文化委員會」,並且在每一個站點都設立了該委員會。專門機構的設立,反映出公司的管理層對企業文化建立工作的重視。透過專門管理部門的督促,有助於持續地保證公司的企業文化建立。而該機構深入到一線部門的工作,則有力地促進了企業文化的深入人心和全面推廣。

第二,藉助於一系列標記、口號、具體事例使企業文化深入人心。

企業文化建立不同於規章制度建立。由於企業文化是成員心目中價值觀、假定、信念和行為規範的總和,因此不可能由企業硬性推廣給員工,只能是在有意識的引導下促使成員形成有利於達到組織目標的企業文化。

飛機上每一個員工的名字,公司隨處可見的員工個人、家庭乃至寵物照片,隨時都在提醒員工,公司強調員工第一,並重視員工的個人認同感。企業口號「不僅僅是一項工作,而是一項事業」則在提醒員工,他們並不是在為了獲取收入而被動地工作,而是在從事一項組織和個人發展的事業。

公司在公開場合、雜誌採訪所宣傳的具體事例，也使員工更加直觀地認識到企業所強調的價值觀、信念和行為規範。可以看出，西南航空企業文化建立的過人之處在於，公司並沒有停留在確立一套理想的企業文化建立目標上，也並非簡單地建立一個「文化委員會」了事，而是透過一整套有效的措施，使得所倡導的企業文化深入人心，被員工真正地接受。這種企業文化的建立確實有助達到企業目標，真正地實現了企業文化建立的初衷。

第三，經常舉行慶祝活動以表彰員工。

為了讓員工真正地感受到管理層對企業文化的認真投入，公司在表彰員工的時候經常採用慶祝活動的方式。這傳遞給組織成員一個明確的訊息，管理層不僅僅是確立一套企業文化，更是認真地實現「員工第一」的企業文化發展目標。此外，經常舉行慶祝活動，則反映了公司對企業文化建立的持續推動，進一步帶動了員工對企業文化建立的認可和投入。

誠品書店，這家成立於1989年的書店，已成為臺北的文化地標和文化旅遊景點，也代表著臺灣的文化創意產業。儘管歷經了15年的虧損，但誠品書店一直保持著門市的擴張，並自2004年後開始盈利。我們先看一下誠品書店的發展歷程。

1989 年，第一家誠品書店成立於臺北敦化南路一段。

1997 年，第一期誠品講堂開講，開啟臺灣民間人文講堂的新時代。

1999 年，誠品書店（敦南店）開始 24 小時不打烊營運，成為全球創舉。

2006 年，誠品信義旗艦店正式開幕，總面積 5 萬平方公尺，是全臺灣最大的書店商場，成為臺北城市櫥窗的重要標誌。

2011 年，誠品書店已經擁有 53 家分店，年營業額高達 98 億新臺幣，並分別在香港和蘇州投資開設新店。

書店可以說是成千上萬，誠品書店的經營模式也沒有什麼特別之處，不過是以書籍業務及各類文化活動為核心，圍繞核心業務進行文化相關產品的復合經營，比如，咖啡館、畫廊、美食、服飾、家具等。誠品書店透過相關產品的銷售，來補貼書籍業務的虧損，並達成整體的盈利。

由於實體書店在網路書店和電子閱讀的衝擊下岌岌可危，因此誠品書店的成功，也使其成為很多實體書店的模仿對象，但成功者寥寥，為什麼？

儘管有很多的原因，但非常重要的一點是，誠品書店的經營模式得到了其企業文化的有效支撐，即誠品書店所特有的、獲得所有組織成員認同的價值觀、使命、願景、經營理

念以及由此衍生出來的行為模式和行為準則。

正是這些,使誠品書店得到了大眾的認同,成為其忠誠的客戶,並使其成為臺北的文化地標,乃至整個臺灣的文化標誌。而眾多的模仿者只能模仿其經營模式,卻無法建立起一套能夠有效支撐經營模式的企業文化,因此失敗也並不意外。

誠品書店企業文化的形成源於創始人吳清源的理念。他當初開店的目的不是賣書,更不是提供一個裝修過的書店,而是希望推廣良性閱讀,提升閱讀的品質,延伸閱讀的場域。當初也沒有考慮過盈利,考慮的是哲學上的利,即利他,也可以說是有利於讀者。

因此,誠品書店在人才甄選上,要求應徵者認同推廣閱讀的理念,熱愛閱讀,樂於服務與互動,追求真、善、美,並透過培訓、師徒制等,將組織價值觀傳遞給新人。對新人進行考核,留下與組織價值觀符合的新人,完成新員工的適應階段。

誠品的使命:對華人社會具實質的貢獻,創新的啟發與新價值的典範。

誠品的願景:成為獨具一格的文化創意產業領導品牌並對提升人文氣質做出積極貢獻。

誠品的經營理念:在書與非書之間,我們閱讀。誠品書

店提供兼顧深度與廣度的完整閱讀服務,「誠品」二字代表著誠品書店對美好社會的追求與實踐,「誠」是一份誠懇的心意,一份執著的關懷,「品」是一份專業的素養,一份嚴謹的選擇。

誠品書店的核心價值觀主要是三點:

一、人文。善與愛,以人為本;利己、利他、利眾生;自己的鄉土自己疼惜,自己的文化自己耕耘。

二、藝術。對美的追求;五種生活藝術的提倡(視覺、觸覺、味覺、聽覺、嗅覺);呈現的方式(美術、音樂、戲劇、電影、文學、舞蹈、攝影、建築);心靈與知性的美。

三、創意。創意是生命中潛藏的寶貴特質,是人類進化的基本動力;事業的經營需要提供想像力與創造力的發展空間;創意是事件與活動行銷的特質,呼應不同地區的設店特色。

誠品書店企業文化對內的作用包括:

一、讀者,一切以讀者的利益為依歸,一切的作為都以此為最高準則。

二、空間,塑造體貼讀者的空間,而非強調它的裝修。透過空間與讀者產生互動,營造款待書、款待讀者的氛圍。

三、活動,在活動的設計和組織中,透過創意來提供符合讀者想法、體貼讀者的去處,讓讀者感受到誠品的體貼,同時透過讀者、空間、活動三者之間的互動產生文化。

四、服務,把善、愛、美和終身學習作為服務品質的標準,把高品質的服務當作是與讀者分享你自身的成長,而不僅是主管的要求,使提供優質的服務成為自覺。

五、創意,創意成為誠品書店的內在基因,從董事長到基層員工的共識是,在任何情況下,創意都是值得鼓勵的。

誠品書店企業文化對外的作用包括:

一、強大的社會影響力。誠品成為臺灣公認的文化現象里程碑,透過系列的文化產品、活動以及獨特的品質與服務提升了整體的人文環境,其價值觀受到了大眾的廣泛認可和高度的評價,誠品已經成為臺灣的文化標誌和景觀,2004年《時代週刊》評選其為「亞洲最佳書店」。

二、良好的形象。誠品的品牌形象及企業文化,吸引了不少高學歷但認同誠品企業文化的人才加入誠品,儘管其薪酬水準並不高,但離職率很低,不到3%。

三、很高的顧客忠誠度。誠品贏得了很高的顧客忠誠度,也正是因為這些忠誠的顧客,誠品才能一直擁有穩定的營收並逐年成長,並且在2004年扭虧。當誠品書店遭遇危機時,才有眾多的人伸出援手,協助其渡過難關。

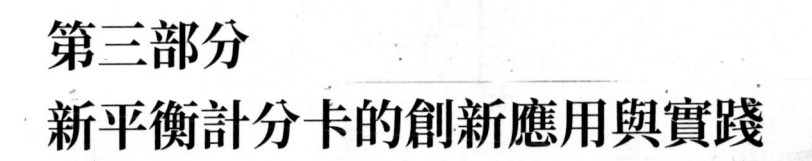

第三部分
新平衡計分卡的創新應用與實踐

第七章
繪製策略地圖，規劃策略執行

創新的聞氏計分卡應用模型

根據柯普朗的闡述，平衡計分卡存在縱向和橫向的兩種因果關係。縱向是大因果關係，這是柯普朗一直強調的，學習與成長推動內部流程，內部流程的改善推動客戶價值的實現，客戶價值的實現推動財務層面業績的達成。橫向是小因果關係，每個層面都有自己的策略行動方案，推動該層面策略目標的達成。這也是柯普朗所建議的，平衡計分卡在每個層面上都需要有領先指標與落後指標的設計方法。如此一來，在每個節點上，就存在兩個因果推動關係。比如，提高客戶滿意度，在客戶層面，橫向上，需要的行動方案是建立客戶關係資料庫，而在內部流程層面，縱向上，又有一個推動因素，如優化客戶投訴處理流程。這是柯普朗經常列舉的策略地圖模式。

不過稍加分析，我們就不難發現，財務層面和客戶層面不可能自己採取行動，所謂財務層面和客戶層面的行動方案，都是在內部流程和學習成長層面發生的。如此各種因果關係巢狀

的平衡計分卡設計思路，在邏輯上本身就比較混亂，同時也將平衡計分卡設計得非常複雜。另外關鍵的一點是，用這種邏輯關係設計的平衡計分卡，難以向下分解。而且筆者認為，這可能就是柯普朗出了五本書，但一直都沒有給出一個清楚、明確的方法，用於分解平衡計分卡的原因所在。

「聞氏計分卡」的結構也是四個層面，即財務、客戶、內部流程和學習與成長，然而，在設計上，只有一個縱向的因果關係，去除了柯普朗所建議的，領先指標與落後指標的設計方法，將策略行動方案都納入內部流程層面，或是學習與成長層面。只有一個縱向因果關係的好處在於，平衡計分卡的設計邏輯非常清晰，而且後續平衡計分卡的分解也比較容易，見圖7.1。

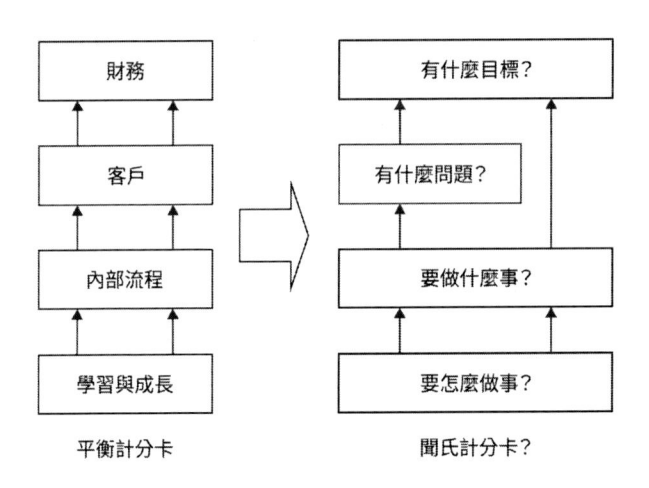

圖 7.1 創新的聞氏計分卡

第三部分　新平衡計分卡的創新應用與實踐

財務層面是「聞氏計分卡」的起點。企業經營需要盈利，利潤＝收入－成本，與柯普朗平衡計分卡一樣，「聞氏平衡計分卡」在財務層面關注的是「如何提高收入」和「如何降低成本」這兩個問題。「如何提高收入」和「如何降低成本」是企業的策略重點，這個策略重點的策略目標需要在財務層面得到展現。如何實現這些策略重點，則需要循著因果關係向下分析。

「如何提高收入」是策略重點之一。在提高收入的目標下，緊接著就需要分析客戶價值，解決影響客戶買單的關鍵問題，這就形成了企業的策略執行主題。「聞氏平衡計分卡」的策略執行主題在客戶層面，而不是在內部流程層面，這是不同於柯普朗平衡計分卡的地方。為什麼在客戶層面？其實不難理解，策略的核心就是客戶價值，沒有客戶購買產品和服務，所有的策略都是空的。

策略執行主題緊扣客戶價值的實現，不偏離重點，也更加直接。

如何實現策略執行主題？這就需要規劃一系列的策略行動方案。每一個策略執行主題的實現，都需要一套行動方案的支持。這些行動方案是協調一致的，都需要在內部流程層面執行。策略行動方案才是策略執行的重點。

前文講到，財務層面的策略重點之二是「如何降低成本」。這個目標與客戶價值沒有關係，除非是，降低成本是

為了降低產品價格,或者是,降低產品價格需要降低產品成本,否則,降低的成本就成為企業的利潤。

所以,實現這個目標可以直接在內部採取行動,這些行動是在企業的內部流程層面上發生的,重點在流程層面而不是財務層面,這是不同於柯普朗平衡計分卡之處。

所以,客戶層面是「聞氏計分卡」的焦點,企業的眼睛需要永遠盯著客戶的價值要求。內部流程層面是「聞氏計分卡」的重點,即企業了解客戶的問題所在,就需要在內部制定行動方案,所有的客戶問題,都需要在這直接得到解決。從焦點到重點,就是一個從外到內的轉換過程。

不管是實現客戶價值,從而提高收入,還是降低企業成本,提高產品的競爭力,在企業內部執行行動方案,都需要人來實現。如果說,內部流程層面關注的是「事」,需要解決「要做什麼事」的問題,那麼學習與成長層面需要解決的就是「要怎麼做事」的問題,在這個層面重點關注的是「人」,因為事都是人做的。從事到人,先事後人,因事定人,因人成事,平衡計分卡告訴我們的,是這樣的管理邏輯。

人的問題就涉及人力資源管理,重點有二,人力資源的知識技能水準和發揮程度。知識技能的水準關係到人才的應徵和培養,然而一群優秀的、受過良好培訓的人才,未必能產生預期的業績,所以關鍵在於知識技能的發揮程度。知識

技能的發揮程度關係到企業內部的組織體系和管理機制,其中的關鍵點是,業務流程的高效、員工的激勵機制、管理者的領導技能,以及企業文化等方面。學習與成長層面是「聞氏平衡計分卡」的基礎,企業要實現策略,最後的重點都在這個層面。

以上就是「聞氏計分卡」的應用模型,每個層面之間的關係非常清晰。

「聞氏計分卡」是一個管理工具。筆者一直認為,應用平衡計分卡,不應該、也不需要有固定的模式,也沒必要判定誰對誰錯。判斷「真理」的唯一標準,或是選擇方法的唯一標準,只能是,管理是否有效和簡單。有效才能真正解決問題,簡單才能降低管理的成本。盲目崇拜權威沒有必要,這樣會失去思考的獨立性,也無須妄自尊大,畢竟目前大多數中小企業的管理能力,與跨國企業的管理水準還存在不少的差距。所以,應用平衡計分卡的基本原則是,一切結合實際。

確定企業的遠景目標

企業的遠景目標通常包含四個方面:

◆ 使命 —— 企業存在的社會價值和社會意義;
◆ 願景 —— 企業在行業或社會裡的存在狀態;

◆ 價值觀──引導或規範員工行為的信念系統；
◆ 財務目標──有挑戰性但不至於不合理的業績目標。

「使命」定義了一個企業的業務範圍，同時確定了一個企業存在的社會價值和社會意義，回答了下列問題：我們這家企業為什麼會存在？具體地講，企業預計的業務領域重心及地理範圍就是企業的使命。不過，使命陳述一般都將超越企業具體業務的高度，將企業所從事的事業拔高，並且拓展時間長度。也就是說，使命陳述需要表達出現實業務背後更深遠的社會意義和價值。

比如，下面幾家公司的使命陳述就很好。

沃爾瑪公司（Wal-Mart）的使命：

我們存在的目的是為顧客提供等價商品，透過降低價格和擴大選擇餘地，來改善他們的生活，其他事情都是次要的。

強生公司的使命：

公司存在的目的是「解除病痛」。

AT&T公司的使命：

致力於提供隨時連繫和溝通的橋梁，以及與之相關的世界一流的資訊服務，使每個家庭和組織都能使用電話。

「願景」說明了一個企業希望存在於這個世界的狀態。經常見到的表述是，表達一個企業希望在行業中所處的地位，比如第一和唯一、最優秀的、最具實力的、最受尊敬的供應

商、服務商等等。描繪願景,有時也會從別的角度著眼,比如員工方面的未來存在狀態,以及客戶方面的受益狀態等等。

我們看看幾家公司的願景。

英國航空公司的願景:

我們目標成為世界旅行事業的領導者。

賈伯斯所定的蘋果公司願景:

我希望使任何人都能夠使用我們的產品。我希望每一個人都能擁有自己的個人電腦,並能舒暢地使用。

愛迪達公司的願景:

我們致力於幫助人們使用最好的產品,因其功能、外觀、舒適和品質,而獲得最大的成功。

使命一般來講是對外的,向公眾闡明我們企業能為大家帶來什麼產品和服務,讓社會清楚認識企業。願景一般來講是對內的,是向內部員工說明企業努力實現的宏偉夢想。願景對企業發展未來的生動描述,將激勵員工的跟隨和努力。使命與願景一經確定,就必須在 10 到 20 年內保持穩定。一致的願景,為企業的策略發展提供了方向;清晰的使命,為企業的策略決策提供了原則。

一個沒有使命和願景的企業無法談策略。正式的做法是,3 到 5 年的策略設計,必須審議和更新(需要時)企業的

使命和願景。年度的策略更新,則需要保持對經營環境的密切觀察,檢驗企業使命與願景所賴以成立的前提假設,在情況發生重大變化時,也可以進行即時的更新和調整。

價值觀是指引員工行為的信念系統。核心問題是,全體員工都需要看重什麼?都需要在意什麼?都需要相信什麼?只有全體員工都擁有共同的信念系統,企業的凝聚力才能強大。而沒有凝聚力,就沒有執行力。

願景為全體員工指明一個努力的方向,企業還需制定階段性的財務目標,以樹立企業按方向前行的里程碑。一般而言,處在一個變化劇烈的環境中,企業制定 3 年的財務目標是現實的,而對一個相對穩定的經營環境來講,企業則可以制定 3 到 5 年的財務目標。

企業的目標性質可以有許多種,但終極目標是企業的財務目標,比如說銷售額、利潤額,以及由此而衍生的利潤率及投資報酬率等,其他諸多目標都服務於這個終極目標,財務目標是所有目標的目標。

合理的財務目標既不能過於理想,使企業多數部門都無法達到,從而抑制積極性,也不能過於保守,使員工均毫不費力便輕易完成,從而無法達成公司最佳業績。制定財務目標,應該綜合考慮公司的需求,以事實為依據,包括宏觀環境變化、市場需求成長情況、競爭對手的表現、標竿研究、自身能力評估以及主管要求等因素。有挑戰性的財務目標,

是需要企業努力跳躍才能搆得著的。

制定企業的使命、願景、價值觀以及財務目標,需要分析企業所處的外部經營環境,同時還要分析企業內部的資源和能力,對內外兩個方面的情況進行綜合分析和判斷。制定企業的遠景目標,需要以事實為依據,以夢想為牽引,是一個科學決策的過程,同時也是藝術創想的過程。

一般而言,分析企業的外部經營環境,需要分析如下四個方面:

一、行業的市場需求規模和客戶需求特點;

二、行業的競爭情形和主要競爭威脅;

三、行業的主要技術發展趨勢;

四、行業的政策法規和相關地方法規。

分析企業的內部資源能力,則需要分析如下四個方面:

一、企業的歷史經營業績和成就;

二、過往的成功經驗,以及失敗的教訓;

三、企業資源和能力的優劣勢;

四、利害關係人對企業的發展期望或要求。

遠景目標雖然是展望未來,但其現實的意義是透過展望未來而管理現在。企業必須是基於未來而管理現在,而不能是基於過去而管理現在。有些企業,往往根據過去的成功、

失敗經驗,以及對過去環境的認知,而管理現在,拘泥於過去而不能超越。這種管理邏輯必然導致企業不能適應未來發展的要求。所以說,企業的落伍,首先源自思想的落伍。

事實上,現在的業績只證明過去企業所採取的策略是正確的。現在的策略是否正確,需要看策略是否能適應未來的環境,同時也需要透過未來 1 到 3 年有目的的經營和驗證,才能看得出來。而遠景目標就是要事先確定此一方向,否則,毫無目的的試錯,毫無目的的盲動,成本很高,代價很大,收益卻基本為零。

企業必須制定遠景目標,更因宏偉的遠景目標具有以下幾點好處:

一、對企業形成重大挑戰,使之不滿足於現狀,從而確保不斷的成長;

二、鼓舞凝聚人心,吸引人才,使員工覺得前景廣闊;

三、創造大量的創新機會,為員工提供發展平臺;

四、提升在外界的地位(上市宣傳、招股說明等)。

制定遠景目標是一項「務虛」的工作,只顧埋頭拉車,而不抬頭看路,其結果往往不是「車到山前必有路」。不過,虛實結合才是企業長遠發展的必經之路。如何由虛轉實?這就需要做策略規劃以支持遠景目標的實現,也正是下一節要談的話題。

第三部分　新平衡計分卡的創新應用與實踐

用因果關係繪製策略地圖

比爾・詹森（Bill Jensen）在其《越簡單越有力量：化繁為簡的智慧與技術》（*Simplicity: The New Competitive Advantage in a World of More, Better, Faster*）一書中指出：

◆ 工作變得複雜化的主要原因是目標不夠明確；
◆ 工作變得複雜化的另一個主要原因是目標之間缺乏協調。

策略地圖是規劃策略的工具。所謂的策略規劃是對策略行動的規劃，只有形成協調一致的策略行動，企業的策略實現才具備了可能性。

策略規劃其實是基於一套假設，管理說到底其實就是一種邏輯。策略地圖是對這套假設的明確和對邏輯的梳理。策略地圖四個層面的因果關係，能有效詮釋企業的價值創造邏輯。策略地圖的繪製，將釐清企業在每個層面的策略目標，並透過梳理四個層面相互連結、互相支持的策略目標，檢驗價值創造的邏輯。

設計平衡計分卡首先必須繪製策略地圖。平衡計分卡上的關鍵績效指標，是對策略目標的度量方式，關鍵績效指標的指標值，是策略目標的目標值。關鍵績效指標以策略目標為依託，平衡計分卡以策略地圖為藍圖。「皮之不存，毛將

附焉」，因此，設計衡量策略目標的關鍵績效指標，也就是制定平衡計分卡，並不是問題的關鍵，繪製策略地圖才是關鍵所在。

有些企業在設計績效指標體系時存有謬誤，就是「尋找」關鍵績效指標。其實如果釐清了策略地圖四個層面上的策略目標，透過策略目標的指引，選擇和確定關鍵績效指標是水到渠成的事情。為什麼會出現「尋找」關鍵績效指標的做法？原因在於，企業本身就沒有策略目標，在制定平衡計分卡之前，沒有繪製策略地圖，或是有策略地圖，但是所制定的策略目標本身模糊不清。依靠「尋找」關鍵績效指標來建立績效指標體系，在過程上將耗時耗力，同時所建立的關鍵績效指標體系，在價值上也嚴重縮水。這種不得要領的應用方法，往往建立的是「形似而神不似」的平衡計分卡。

策略地圖的繪製，在縱向上是從上向下，即從財務目標開始，逐級向下提出客戶、內部流程、學習成長層面的策略目標。策略地圖四個層面之間存在的內在邏輯關係，決定了下一個層面的策略目標，要遵循因果關係，即上層策略目標是下層策略目標確定的依據，下層策略目標要支持上層策略目標的實現。策略地圖的繪製在橫向上是逐一突破，即逐一釐清各個策略重點在不同層面的策略目標。然後，再進行整體的檢查和調整。這樣從上向下、從左至右所繪製的策略地圖，就能全面釐清企業的策略行動要求。

第三部分　新平衡計分卡的創新應用與實踐

財務	策略重點 1	策略重點 2	策略重點 3
客戶／市場			
內部流程			
學習成長			

圖 7.2 策略地圖繪製邏輯

見圖 7.2，對各個層面上策略目標的描繪，需要以動詞開頭，比如：提高、增加、減少、降低、擴大等。策略目標是致力於實現的，動詞開頭的目標描繪旨在強調行動。另外，制定目標需要符合 SMART ———— 精明原則。雖然說，SMART 原則簡單明瞭，但是我們在制定目標時，還是要非常注意。SMART 是五個英文單字開頭字母的縮寫，具體如下：

◆ Specific，具體的，如：時間，品質，數量，成本；
◆ Measurable，在可承受的代價內是可以衡量的；
◆ Achievable，可實現的；
◆ Result-oriented，以結果為導向，而非反映行動的過程；
◆ Timebased，有時間性的。

親愛的讀者，你可以思考一下，以下目標符合 SMART 原則嗎？

一、品質管理及改進要向縱深、高層次發展，重點提高

產品可靠性、直通率及交付品質，向 PPM 級品管逼近。

二、建立涵蓋主要城市的銷售通路，大規模廣告宣傳，大幅度提升產品知名度。

三、完成 PIM 產品的測試，保證檔案完備，及時交付市場。

四、加強人力資源管理，建立關鍵績效指標體系，在全公司推行績效考核。

五、合理化建議和品管圈活動（QCC）持續深入發展，全員參與率達到 60%。

六、加強組織凝聚，改善士氣，形成一支團結向上的團隊。

財務層面是策略地圖的起點，所以繪製策略地圖，從確定財務層面的策略目標開始。如何確定財務層面的策略目標？標準做法是，根據策略執行的情況和一年來內外部經營環境的變化，更新策略，確定新的成長目標。這個更新是我們制定下一年度經營目標與工作計畫的基礎。

策略地圖財務層面的目標要承接策略規劃所提出的成長目標，並釐清及細部分析整體成長目標。策略地圖是讓策略更清晰的工具，策略地圖財務層面需要針對每一策略重點，令各自在財務層面所需要達成的目標構更加明確。

未來三到五年的目標,則代表企業經營需要達到的結果,一項宏偉的業績目標在實現上難免使人望而卻步,此時需要對整體成長目標在幾個策略重點上進行分解。對宏偉業績目標的分解,可以驗證目標的合理性,透過具體研究營運策略和發展策略的成長潛力,我們可以判斷目標的合理性,並以事實為依據調整總成長目標。

制定成長目標需要具備挑戰性,但是還需要建立對實現目標的信心,目標與現實之間的缺口如何彌補?在這裡,企業所進行的差距分析,分析現有業務的成長空間,以及分析新業務的成長空間,研究並選擇靠哪些產品和服務來支撐目標的達成,以及靠哪些市場來支撐目標的達成,將讓企業的成長路徑更加具體可行。

必須有客戶的參與,企業才能達成財務層面策略重點的目標。繪製策略地圖,接下來就需要釐清策略重點在客戶層面所需達成的目標。透過因果關係我們知道,只有客戶層面目標的達成,企業在財務層面的目標才能達成。

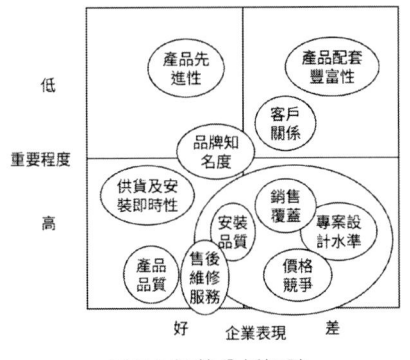

圖 7.3 價值分析矩陣

在客戶層面，我們需要研究影響客戶購買的因素，對關鍵客戶購買因素的滿足，才能有效解除企業未來成長的瓶頸。在這裡我們用到的工具是價值分析矩陣，見圖 7.3。價值分析矩陣是一個將內外部情況綜合起來進行分析的矩陣。一方面研究客戶對各項購買因素的看重程度，另一方面研究企業在各項購買因素上的表現情況，透過綜合分析，找出企業極待解決的因素，並以此為重點，加大投入資源，迅速解決問題。這些極待解決的因素，就是企業以客戶為導向策略執行主題的來源。

策略執行主題是策略地圖的構築模型。如果策略地圖過於龐大，我們可以先釐清策略執行主題在策略地圖各層面的行動目標，是一種循序漸進、各個擊破的方法。

策略執行主題向上支持策略地圖財務層面目標的達成。策略執行主題是關於如何實現策略重點的，一個策略重點對應一

個或幾個策略執行主題。策略重點是企業如何實現整體成長目標的規劃,策略主題則是企業如何實現策略重點的具體策略。

策略執行主題向下引導一套如何實現策略執行主題的行動方案。策略執行主題是策略執行的主線條,企業在策略執行中會有數個策略主題需要實施,每一個策略主題可以被委派給專門的高階主管負責。策略行動方案在大部分的情況下會在各個部門內執行,但經常也會有跨部門的行動方案,更高一層的人員參與,有助督促和協調策略行動方案的落實。有些企業會成立專門小組負責實施策略主題,研討行動方案執行中出現的問題並且監督、推進方案。

策略執行主題是策略行動方案的統籌。一套協調一致的策略行動方案,其共同目標是為了實現明確的策略執行主題。一項策略執行主題的實現,需要主題內所有行動方案的同步實施,任何單個行動方案對策略主題來講,都是必要條件而不是充分條件。

一般而言,企業每年最多可致力於實現 3 到 4 個策略執行主題,每個策略執行主題需要 3 到 4 個行動方案作為支撐。過去我們在制定預算時,往往會有許多的提案以爭取更多的資源,策略主題將整合支離破碎的各種提案,對於策略主題的實現沒有重大貢獻的提案將被否決,以保證預算用在刀口上。

行動方案的重要性在於:系統化且具體的行動方案,是制定合理並具有挑戰性經營目標的必要前提,最大限度地保

證了經營目標的可行性,避免經營目標僅淪為指導方針。另外,系統且具體的行動方案,可以為合理的資源配置提供依據,保證公司資源最大限度的有效使用。

在管理上,研究和制定行動方案也將帶來直接的益處。制定清晰、直接的行動目標將真正激勵管理人員發揮潛力,集思廣益、腦力激盪式研討行動方案的過程,將為如何解決問題帶來創意,同時也是與會者最好的學習成長過程。另外,高階主管能夠藉此了解更多的實際情況,並幫助中階管理人員掌握分析問題和解決問題的技能,學習制定有效的管理技能,增進彼此的了解。

目前,許多公司並不制定系統具體的行動方案和行動計畫。原因不外乎,市場變化快,難以制定固定的行動方案;管理人員技能不完善,難以制定有效的行動方案;行動方案的效果難以量化,無法與經營目標有效連結。其實,以不變應萬變,以變應變,都需要事先制定的行動方案和行動計畫作為基礎。在實際操作上,第一次可能並不完善,但學習成長有個過程,萬事起頭難,只有堅持下來,技能才能逐步提升,效果才能逐步顯現。另外,也可以透過引入特定培訓,聘請外部專家提供指導,幫助管理人員掌握必要的管理工具和使用方法,達到事半功倍的效果。

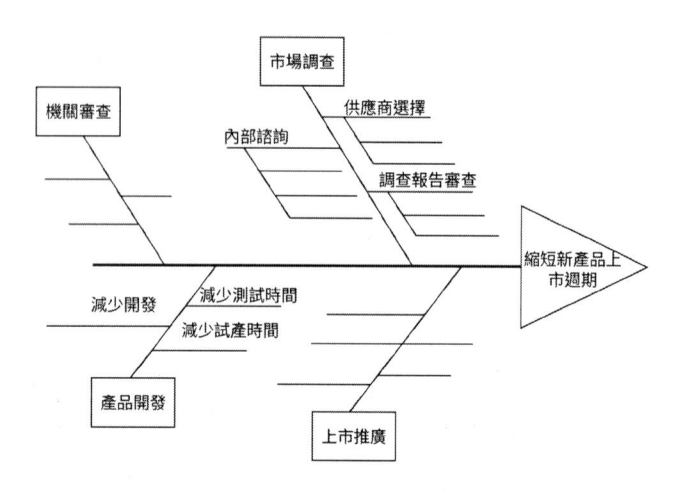

第三部分　新平衡計分卡的創新應用與實踐

圖 7.4 魚骨圖

　　魚骨圖是一種分析原因、研究制定行動方案的有用工具，見圖 7.4。在製作時，應該注意同一層面的魚刺是否在同一邏輯層面上，是否有交叉或重疊的部分。大魚刺與小魚刺之間要有因果關係和支持關係。上級目標是下級目標的結果，下級目標是上級目標的過程。一般來講，合理劃分，到第三層即可，否則可以重新問問題，也就是對魚頭的總目標進行細部探討，確定新的魚頭，重新繪製。

　　有興趣的讀者，可以繪製以下幾個問題的魚骨圖：

◆ 如何提高銷售額？
◆ 如何提高客戶滿意度？
◆ 如何提高培訓的效果？

評估和選擇策略行動方案，可以利用如下的行動方案評估矩陣，見圖 7.5。

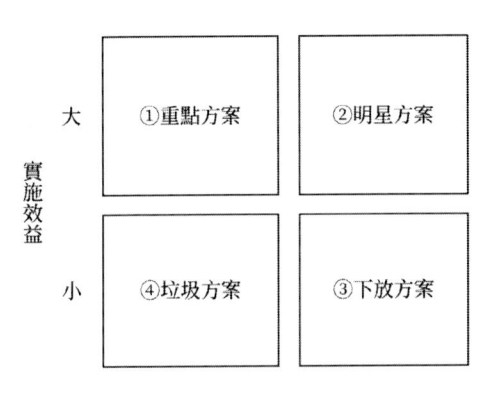

```
           大   ┌─────────┐  ┌─────────┐
               │ ①重點方案 │  │ ②明星方案 │
  實            │         │  │         │
  施            └─────────┘  └─────────┘
  效            ┌─────────┐  ┌─────────┐
  益            │ ④垃圾方案 │  │ ③下放方案 │
           小   │         │  │         │
               └─────────┘  └─────────┘
```

圖 7.5 行動方案評估矩陣

一、重點方案。方案效益好，但實施難，重點方案應該慎重選擇。重點方案目標的達成，需要長期持續的資源投入，要集中安排資源，充分協調並嚴格控制進度。

二、明星方案。方案見效快，效益好，明星方案應該優先選擇。明星方案應該由企業統一計劃安排，保證專案實施，側重建立關鍵措施和目標。

三、下放方案。方案效益一般，但見效快，主要由下級部門負責方案的操作。

四、垃圾方案。方案效益小，見效慢，暫不考慮採納，可以持續觀察條件的變化。

評估和選擇策略行動方案，也可以採取評分法，見表 7.1。

評價標準	權重	描述	行動方案 1 分數	行動方案 1 得分	行動方案 2 分數	行動方案 2 得分	行動方案 3 分數	行動方案 3 得分
對實現策略主題的影響	45%	行動方案對策略目標實現的促進作用	7	3.2	5	2.25	8	3.6
實施難度	15%	行動方案實施困難程度	5	0.75	4	0.6	6	0.9
成本總額	10%	人工和材料總成本	5	0.5	8	0.8	2	0.2
人員需要	10%	行動需要的關鍵人員，包括對時間上的要求	8	0.8	6	0.6	2	0.2
耗費時間	10%	完成該行度預計時間	8	0.8	5	0.5	3	0.3
對其他行動方案的依賴性	10%	其他行動對此行動成功完成的影響	3	0.3	4	0.4	5	0.5
加權得分		6.35		5.15		5.7		

表 7.1 評估策略行動方案的評分法

實作案例：宏圖公司的績效難題

宏圖公司（以下簡稱：宏圖）的主營業務為電子類產品，主要有兩個產品系列。

產品系列 A 為公司的支柱業務，貢獻了公司的絕大部分利潤。目前宏圖 A 業務細分市場占有率居國內第一的地位，而且優勢比較明顯，是第二名市場占有率的兩倍。不過，系列 A 是初階產品，整個市場需求也處於成熟期，發展已經趨緩。

產品系列 B 起步較晚，屬於高價產品，雖然與系列 A 屬於同一個行業市場，但技術層次不可同日而語。系列 B 產品的市場需求處於成長期，市場潛力巨大，競爭也大，不過利潤率卻是初階產品的好幾倍。不同於業務 A 的競爭對手全部是國內廠商，業務 B 的競爭對手主要為國際廠商。在這一塊，宏圖目前的細分市場占有率只在十名徘徊。公司董事長力圖加強投入，培育產品系列 B 成為未來的支柱業務，同時也為了避免業務 A 的市場停滯所帶來的負面影響。

實際上，該公司董事長投資的業務不少，這一兩年來，基本無暇參與公司的日常經營，公司交由專業經理人打理，採取的是董事長任命下的管理層負責制，董事長只關心每年年底的利潤報表。另一方面，雖然老闆熱衷投資其他業務，畢竟宏圖是自己起家的實業，曾一手帶大，有深厚感情，公司業績也不錯，所以董事長打算讓宏圖成功上市。

業務 A 的市場頹勢已經呈現，業務 B 的市場競爭激烈。公司董事長認識到，留給自己進行策略調整的時間是有限的。2011 年年初，為了促進公司的快速發展，董事長決心加

強激勵效果，大幅度提高了銷售額與公司管理層的薪酬連動比例。執行一年後，公司的銷售收入確實有一定的成長，但是各項業務的發展出現了問題。

產品系列 A 的產品成本相對於競爭對手偏高，經調查是庫存過高，不僅占用了資金，也造成保管、損壞、維護等方面的多項費用。進一步分析發現，產生高庫存的主要原因是銷售預測遠高於銷售實際數量，因為擔心低庫存可能導致不能即時交貨，並損害客戶關係，最終影響銷售額。

產品系列 B 的銷售依然不理想，公司 90% 以上的訂單來自原來的低價產品，原因是公司 A 系列產品品質穩定，口碑好，具有較強的競爭力，業務員很樂意向客戶推銷，但是對產品系列 B，業務人員的熱情就大不相同。

此外還發現，公司不僅對高價產品的市場開發不夠，而且，公司 B 產品的品質並不穩定，效能與競爭對手相比也有一定的差距。另外還發現，公司內部其實並不重視新產品的研發，研發人員的流失情況非常嚴重。

公司董事長意識到，A、B 業務的發展並不如所願，長此以往，將嚴重削弱公司未來的競爭力，不僅成功上市成為泡影，而且公司的生存都會是一個問題。但是，問題出在哪裡呢？以後又該如何進行有效的管理呢？董事長陷入了沉思。

第七章　繪製策略地圖，規劃策略執行

可以看出，這是一個考核帶來的問題。考核具備極強的政策導向性，上有什麼政策，下就有什麼對策。董事長的問題在於，一味追求銷售額，且簡單地將銷售額連結管理層的績效。企業管理的對象是普通人，實在講，德之所在，實乃利之本源。出現這樣的問題，是再自然不過了。

如何解決問題？辦法是明晰策略，根據發展策略制定經營目標，進而進行以策略為導向的績效考核系統設計，促進企業策略目標的達成。

宏圖公司需要成長，也期望能夠上市，這是企業發展的總目標。關鍵的問題是，如何成長？這就需要進行系統的分析和規劃。

宏圖公司的業務主要有兩塊，根據產品生命週期分析兩塊業務，可以發現，B 業務處於生命週期的成長期，而 A 業務則處於生命週期的成熟期，且 A 業務已經處於行業領導者地位，見圖 7.6。所以，針對這兩塊業務，需要因地制宜地制定不同的發展目標。對 B 業務而言，可採取的發展目標應該是，重點投入，爭奪市場份額。在董事長的腦海中，這個想法其實是有的。問題是如何落實？對 A 業務來講，可採取的發展目標應該是，謹慎投入，獲取利潤，支持 B 業務的發展。這一點，董事長的想法是模糊的。

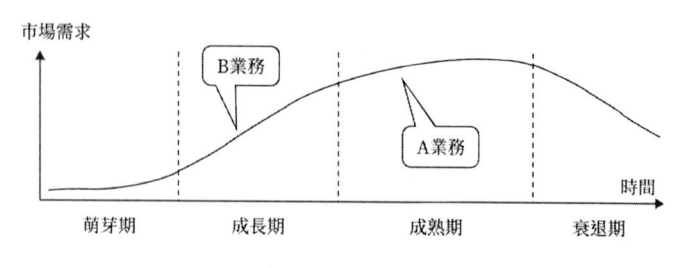

图 7.6 宏圖公司的產品生命週期

　　B 業務如何成長？透過分析我們可以看到，B 業務的策略重點應該是產品開發，增加 B 系列產品的銷售收入，提高市場占有率，需要的策略執行主題可以是，縮短新產品上市週期，提高上等產品的品質，以支持 B 業務策略重點目標的達成。

　　A 業務如何發展？顯然，所需要的策略與 B 業務是不同的。A 業務的策略重點應該是鞏固和加強，維持市場份額，獲取利潤。所需要的策略執行主題可以是，降低產品成本與價格，進一步提高產品品質，以支持 A 業務策略重點的達成。

　　針對 A、B 業務，我們可以繪製如下的策略地圖，清晰地梳理出宏圖的策略，見圖 7.7。

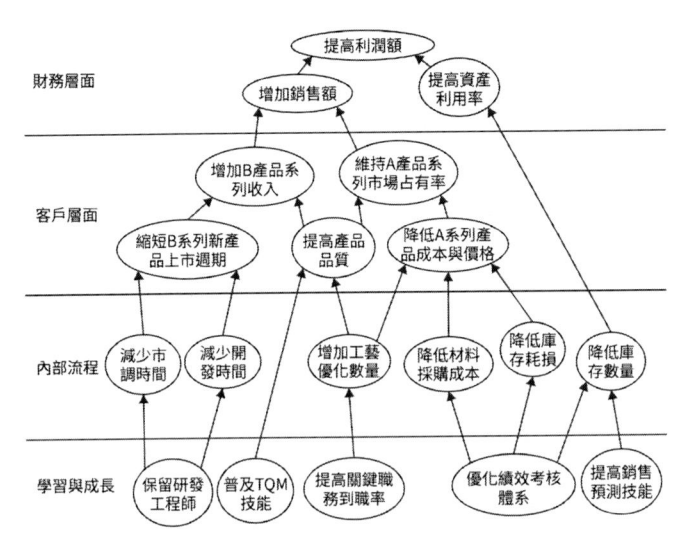

圖 7.7 宏圖公司的策略地圖

顯然董事長要確保達成本身策略意圖，必須深入到策略制定的過程，了解影響策略目標實現的關鍵因素，確定各項關鍵因素的發展目標，並透過詳細的策略規劃，釐清公司的管理邏輯，進而以策略地圖為藍本，制定公司的平衡計分卡，建立與薪酬連結的績效考核系統。若僅單純地以銷售額連結管理層的薪酬，將難以達到目的。

第三部分　新平衡計分卡的創新應用與實踐

第八章
制定平衡計分卡，落實策略執行

制定平衡計分卡與 KPI

平衡計分卡是一種有效的策略執行工具，然而目前許多企業對它的理解不足，缺乏正確的應用方法，不僅導致用錯了，而且過程還很麻煩。

筆者曾經到一家企業講解平衡計分卡。課前研究他們的管理資料，發現這家企業的策略規劃還不錯，前面是市場與競爭分析，中間是策略選擇，緊接著是行動措施，最後是平衡計分卡考核系統。但仔細研究發現，最後的考核系統與前面的行動措施沒有明確的關聯。考核失去了來源和意義。

為什麼會這樣？

後來調查中了解到，這家企業不知道如何連結平衡計分卡與策略規劃，只知道用平衡計分卡進行考核很流行、很有用。所以在制定考核系統時，大概憑經驗，花費工夫，尋找關鍵績效指標，然後再對收集來的指標按類別分類。與錢有關的，比如，銷售額、成本費用等，就成為財務類指標，與

第八章　制定平衡計分卡，落實策略執行

市場有關的放入客戶類，與內部管理有關的成為流程類，最後加上員工滿意度和人均培訓時間，作為學習與成長指標。這樣尋找得來的關鍵績效指標其實並不關鍵，因為並未反映策略，這樣拼湊的平衡計分卡也就沒有了意義。

柯普朗曾說「如果你不能描述，那麼你就無法衡量」、「如果你無法衡量，那麼你就難以管理」。策略地圖是對策略的明確描述，策略地圖各個層面的策略目標指明執行策略的重點工作。平衡計分卡透過對策略目標設定衡量指標和指標值，讓策略目標實現情況得以衡量。平衡計分卡成為策略執行的儀表盤，透過掌握平衡計分卡上各層面指標的變化情況，企業可以清楚地了解策略執行的狀況，以便控制策略執行，修正策略行動方案或調整策略規劃。

策略地圖明確描繪出企業未來幾年策略執行的重點工作。平衡計分卡上的指標，點出策略地圖上的策略目標如何衡量，指標值則釐清策略目標的衡量要求。這裡我們要引入年度平衡計分卡的概念，以確定指標值在當年應該達成的目標值。年度的平衡計分卡，具體說明為了執行策略，企業今年應該做什麼？達到什麼目標？策略執行需要落實到每年的工作，因此年度平衡計分卡就成為策略執行的管理重點。

平衡計分卡的設計必須依賴策略地圖的繪製，平衡計分卡的制定滿足了策略執行的衡量要求。平衡計分卡不同於簡單的績效指標收集，平衡計分卡上的績效指標必須是關鍵

的,「關鍵」二字的含義是,這些績效指標是為了衡量策略地圖各層面的目標而存在的。所以,平衡計分卡上的關鍵績效指標,更像是一個相互關聯的指標形成的「網路」,「網路」的指標之間存在某種「因果」關係,策略則透過這個「網路」獲得有效管理。

關鍵績效指標(KPI)是對目標進行描述、度量、分解的有效工具。如果我們按照 SMART 原則制定了策略地圖各層面的目標,這個時候獲得關鍵績效指標,進而制定平衡計分卡,就成為水到渠成的事情。

比如,我們制定了明確的 SMART 目標,2011 年平均新產品上市時間縮短到 8 個月,我們的關鍵績效指標就是,新產品上市時間,關鍵績效指標的目標值是 8 個月,衡量時間是 2011 年的年底。再比如,我們制定了目標,2011 年因設計引起的客戶投訴次數平均下降 50%,我們的關鍵績效指標就是,客戶投訴次數,關鍵績效指標的目標值是 50%,衡量時間是 2011 年的年底。

反之,如果我們在制定目標時,沒有遵循 SMART 原則,比如,所制定的目標是,提升研發能力,即時滿足市場需求;提高客戶服務意識。這個時候,就需要頗費周張地去尋找或選擇關鍵績效指標了。可以看得出來,SMART 目標＝ KPIs(指標組)＋程度＋時間。儘量用指標化的語言去描述和確定目標,是制定 SMART 目標的有效途徑。

第八章　制定平衡計分卡，落實策略執行

關鍵績效指標是對公司策略目標的衡量，並隨公司策略的演化而被修正，能有效反映關鍵業績驅動因素的變化情況。關鍵績效指標使高階主管能夠清晰了解公司的策略執行情況，使管理者能即時診斷經營中出現的問題，並採取行動，有力推動公司的策略執行。同時，關鍵績效指標為績效管理和上下級的交流溝通，提供一個客觀的基礎，使管理者能集中精力於對業績有最大驅動力的因素上。

企業需要制定關鍵績效指標辭典。關鍵績效指標辭典，能夠確保績效考核系統的推廣，統一各部門對指標的理解，讓預決算資料來源簡單、一致，橫向縱向可比，並提供指標增減、調整的統一資訊庫，奠定決策支持系統的基礎，對資訊系統的支持需求一目了然，便於即時業績監控系統的設計和建立。

表 8.1 是根據宏圖公司的策略地圖制定的平衡計分卡。

層面	宏圖公司的平衡計分卡	XX 年目標值	XX 年挑戰值
財務	利潤額 總銷售額 存貨周轉率	2000 萬 2 億 4	2500 萬 2.5 億 5
客戶	B 系列產品銷售比率 A 產品市場占有率 B 系列新產品平均上市週期 品質問題投訴次數	10% 25% 6 個月 20 次	20% 28% 5 個月 10 次

層面	宏圖公司的平衡計分卡	XX年目標值	XX年挑戰值
內部流程	工藝優化項目數	6個	9個
	A系列產品材料成本下降	200元	250元
	庫存損耗	1%	0.5%
	市調時間	2個月	1.5個月
	產品開發週期	4個月	3個月
學習成長	TQM培訓普及率	80%	100%
	績效體系推行滿意度	85%	90%
	研發工程師離職率	10%	5%
	關鍵職務招聘到職率	80%	90%
	行銷人員人均培訓時間	12小時	18小時

表 8.1 根據宏圖公司的策略地圖制定的平衡計分卡

公司的平衡計分卡只有向下分解到各個部門，才能真正執行，這是落實平衡計分卡的關鍵步驟。分解的效果需要實現企業目標的橫向協調，即部門與部門之間的目標能夠相互支持和配合。這一點意義非常重大。

我們先看一個案例。

一家研發和生產運動控制產品的企業，客戶族群分布全國。公司採用直銷模式，設立了三個銷售部門，負責各區域的銷售和客戶服務工作。公司還設立了市場部，負責市場推廣和市場分析。作為一家研發創新型的高科技公司，理解客戶需求和掌握競爭動態，為公司的產品開發提供資源，是一項非常關鍵的工作。市場部在銷售與產品研發之間需要扮

承上啟下的關鍵作用。具體工作上,市場部需要銷售人員按時提供一線資訊以進行定期的總結分析。在這個環節,各銷售部門並不配合,理由當然非常多。老闆親自協調,各銷售部門被老闆逼得實在沒辦法,就勉強應付一下,但工作並不能獲得實質性的改善,以致市場部的工作沒法正常運作。企業老闆研發出身,實事求是。著急之下,只能親自跑市場。企業越做越大,老闆就越來越累,一天工作12個小時,時間還不夠用。

部門之間合作不暢,部門壁壘太厚,這是策略執行的橫向脫節。一般而言,脫節的原因在管理上主要是兩點:一是該企業橫向合作上,缺乏明確的流程;二是在部門目標設定上,缺乏橫向的溝通。不過,第二點相對第一點更關鍵,也更本質。

在此案例中,各銷售部門只管完成老闆下達的銷售任務,其他的事情一概不想負責。企業現在都重視流程,然而有流程卻不按流程辦事的情況比比皆是,原因在於各自為政的目標導向機制決定了一切。

企業經營是各部門之間互相配合、相互合作的過程,每個部門在完成自己主要任務的同時,還要配合其他部門的工作。如果我們只有對部門主要任務的考核,而沒有對合作任務的考核,這必然在考核的政策導向上,助長了部門本位主義的傾向,埋下了衝突的隱患,造成如前述的管理局面。同

樣性質的問題,不是在這兩個部門出現,就是在那兩個部門出現,總是要花費時間和精力來協調,總是在同一個問題上碰壁。

　　如何分解公司的平衡計分卡到各個部門?在這裡,需要提出一個部門平衡計分卡的概念。部門平衡計分卡是對公司平衡計分卡的承接,部門平衡計分卡的財務層面承接企業平衡計分卡各層面的目標;部門平衡計分卡的客戶層面是為了實現客戶所期望的目標,這裡所說的客戶,包含內部客戶也包含外部客戶;部門平衡計分卡的內部流程是部門需要做好的工作,以實現財務和客戶層面的目標;最後,部門平衡計分卡的學習成長層面是部門為了做好工作,所需要的學習和成長。

　　可以看出,分解目標的過程就是制定計畫和預算的過程。

　　各部門對於所承擔的目標,應該具體分析目標假設的合理性,對於無法達到的目標,各部門應該提出詳細的分析,與公司高層驗證最基本的假設。各部門還需要基於目標,制定詳細的工作計畫,作為最終確定目標的基礎。各部門對於目標的挑戰和分析,都必須基於最基本的前提假設和詳細的工作計畫,而非就總的目標進行談判。

　　各部門為實現目標所制定的工作計畫,還需要得到預算

的保障。透過預算的制定,企業可以優先重點,明確各部門的資源投入,確保重點專案的成功執行。詳細的工作計畫,為預算的合理性提供了最好的說明。計畫和預算是企業實現策略的重要手段。制定計畫和預算,是一個全員的工作計畫制定過程,這也是一個動態過程,即自上而下定目標,自下而上定計畫,進而再修訂目標和計畫。在上下的循環中,最終確定最具挑戰性的目標,最可執行的計畫,以及最具「性價比」的預算。

在分解經營目標前,有一步必需的工作,即根據經營情況,對企業的組織架構和職責做出即時的調整和修正,調整要形成書面的檔案——組織職責體系,見表 8.2。

表 8.2 ×× 公司行銷部使命與職責

XX 公司行銷部使命與職責	
部門使命	保證達成公司年度銷售目標,實現公司長期發展策略
主要工作	主要職責
市場和競爭分析	定期組織市場調查,分析本行業市場狀況 掌握活躍競爭對手的關鍵訊息,提出相應競爭策略(價格等)和行動方案 分析掌握重大市場變動和政策變動情況,並即時回報主管
行銷規畫及計畫實施	根據公司的策略規劃,提出相應的行銷發展規畫和經營策略(價格等) 根據主管的經營指導,制定年度、季度和月度行銷工作計畫,並確實落實 根據行銷工作計畫,強化成本意識,制訂完善的銷售預算

XX 公司行銷部使命與職責	
部門使命	保證達成公司年度銷售目標,實現公司長期發展策略
主要工作	主要職責
銷售管理控制	監控銷售計畫執行情況,督導各區域銷售目標執行,保證公司下達目標的落實 負責按期回收貨款,協助公司法律訴訟 彙總、整理、分析銷售數據,編製銷售統計報表,預測市場銷售,定期彙報主管 建立與管理銷售團隊,打造團隊意識,樹立紀律 對業務員定期培訓及業績評估,建立合理的激勵機制
客戶關係管理	定期或不定期走訪客戶,了解客戶需求,解答處理客戶疑難 調查客戶滿意度,挖掘客戶深入需求 負責管理公司客戶服務中心,即時處理客戶搶修和維護需求 制定和實施客戶關懷計畫,做好客戶服務和接待工作
客戶資料及合約管理	客戶資料的統計、分類、存檔、分析,提供業務經理相關資訊協助 檔案分類、整理,確保合約相關資料的完整性,針對合約內容分級保密 建立客戶訊息回饋網絡,在公司內部蒐集客戶需求資訊 負責招標文件的製作、審核和裝訂

制定職位績效考核標準

我們先看一個案例。

一家有 15 年歷史的高新技術企業,年初經公司管理層的反覆研討,確定走高級市場,提高產品品質,拉開與二、三線廠商的競爭差距。策略確定下來,總經理在大小會議上都強調此點。對原材料採購的指示是:提高原材料採購等級,以支持

此一策略的實現。然而到了年底，發現客戶對品質的滿意度並沒有提高。調查發現，採購部在採購原料時，還是一如既往地將價格放在第一位。有 10 年經驗的採購經理很迷茫，總經理大小會議上強調的事情總是不少，也不知道到底哪個是重點。但有一點他很清楚，一直以來，降低原材料採購成本是自己的主要考核指標，這直接關係到他年底的業績評估。

總經理要求的是產品品質，採購經理關注的是原料成本。高層的策略不能成為基層的執行要求，這叫策略執行的縱向脫節。從這個案例，我們還可以得到一個非常重要的管理原則：員工不會做你強調的，只會做你考核的，考核什麼才能得到什麼。

以上案例所反映的問題，是人的問題嗎？對也不對。毋庸置疑，所有的管理問題都是人造成的。不過，人都是環境的產物，員工的行為受管理所引導，有效的管理才能引導形成所需要的員工行為。因此根源上，還是在於企業的管理是否到位，企業是否有一套管理系統作為支撐。

企業的績效管理系統包括公司整體、部門和個人三個層面，三個層面缺一不可，見圖 8.1。部門平衡計分卡承上啟下，是對公司平衡計分卡的分解和承擔。為保證公司及部門目標的最終實現，部門平衡計分卡需要進一步落實到職位。只有將公司和部門的策略目標，分解落實到職位，將策略目標的完成情況與個人努力程度連結，平衡計分卡才算落實。

這就是所謂策略績效管理的原理。

公司經營目標 ⇒ 部門經營目標 ⇒ 職務績效目標

圖 8.1 企業的績效管理系統

目前，企業在績效管理上經常出現「各自為政」，即公司目標和個人目標相互之間缺少直接的連結，各是各的目標，目前很多企業所實施的職位績效考核，就是這種典型做法。績效管理的首要目的應該是幫助企業實現經營目標，進而實現客戶價值，而職位績效考核往往是為了所謂的「公平」和「激勵」，這樣也讓績效管理失去了最重要的意義。

一般而言，每個職位都需要有兩份基本的檔案，一是職位的職責說明書，二是職位的績效合約。我們先說職位績效合約，在下一節再談職責說明書。職位績效合約簡單講，是用以明訂職位工作應達到的目標以及如何進行考核。

員工的價值創造原理是：態度是投入，行為是轉化，結果是產出。態度是員工對待工作的基本意願，態度不能創造價值。行為是一系列的活動，是擔負職責、完成任務需採取的一系列動作，也不能創造價值。

有態度不一定有行為，有行為不一定有結果。態度和行為，都是產生結果的過程，都不是結果，態度與結果的距離

更遠。只有達成需要的結果，才能產生價值。所以，職位績效考核應該重點考核結果，關注過程。

企業出色的經營業績是每一個員工「結果」的匯聚。員工對結果負責就是對工作價值的負責。要保證企業多出高品質的「結果」，管理上就要鎖定「結果」這個目標，而這其中最基本的要求是鎖定每個員工的結果。

這種管理思想的核心是，管理者不再去過度關心員工的工作態度如何、工作的過程如何，凡事都做到，責任到人，人人都管事，事事有人管。這樣才能保證企業目標的最終實現。

對於員工績效計畫和目標設定，需要引入兩個載體。第一個是績效目標，是對職位必須達成的工作結果的直接衡量方式。第二個是工作目標，是對工作職責範圍內一些相對長期性、過程性、輔助性工作情況的考核方法。

績效目標與工作目標的共同點是，績效目標針對目標職位的工作職責與工作性質設定，反映工作的結果，而非全部工作過程。績效目標由主管經理設定，以幫助員工釐清職位的工作重點，並經過與員工的溝通和確認。

績效目標與工作目標的不同點是，績效目標由對公司及部門的策略目標分解得出，注重當期公司及部門目標在職位的承接。而工作目標注重考核職位工作的過程，一般可對職

位員工的態度、行為等方面設定相關目標或指標。

績效目標與工作目標相互結合,可以實現主管對職位工作情況的全面了解,便於主管即時發現員工工作中存在的問題,杜絕短期行為,形成更加全面客觀的考核標準,見表8.3。

表8.3 績效目標與工作目標相互結合

績效週期	職位責任人:	簽名:		簽署日期:			
職位所在部門	職位考核人:	簽名:		簽署日期:			
A. 績效目標 (A)(總權重 A'=70%)	權重	單位	目標值	挑戰值	實際值	執行結果評分			
						1	2	3	小計
B. 工作目標 (B)(總權重 B'=30%)	權重	工作目標完成情況(由評估人根據實際情況填寫)			自評			主管評估		
					1	2	3	1	2	3	小計

績效週期	職位責任人:	簽名:	簽署日期:
職位所在部門	職位考核人:	簽名:	簽署日期:
績效總分 (A*A'+B*B')		綜合評述意見:	
評估人:	簽名:	評定日期:	被評估人確認:
審核人:	簽名:	審核日期:	確認日期:

如何將平衡計分卡分解到個人？

透過部門平衡計分卡建立的關鍵績效指標體系展現了公司目標在各相關部門的分解或分流，該指標體系是各部門設定內部員工績效目標的來源。一般而言，部門平衡計分卡的結果性目標，將分解或分流到部門正職和副職，部門平衡計分卡的過程性目標，將分解或分流到部門內部職位上。不過需要注意，並非所有員工都可以在部門目標系統中找到相關的績效指標，有時需要根據職位職責進行另行設定或對目前的指標進行進一步分解。

在選擇、分解或設定員工的績效目標過程中，應該遵循三項原則：

一、與部門的經營目標相關，以承接部門的重點工作目標；

二、與員工的職位職責直接相關，包括直接的工作及密切參與協調支持的工作；

三、展現職位的工作重點，幫助員工集中注意力，為工作優先排序。

第三部分　新平衡計分卡的創新應用與實踐

平衡計分卡的深刻之處是，不僅關注經營目標的短期達成，還強調實現長期競爭優勢的企業學習與成長。學習與成長的重點是提升企業各級人員的能力，只有職位員工的能力提升了，企業的各項業務能力才能得到同步提升。平衡計分卡在這方面，與企業重視的學習型組織建設、核心能力打造等，是完全一致的。

能力發展計畫是實現績效指標、完成工作目標的過程中所必需的能力發展需要。在制定了關鍵績效指標、設定相關工作目標之後，經理人和員工應該就如何達到績效目標進行討論，確定員工應該著重發展的能力領域，以及希望實現的目標，並根據具體的目標設定相應的發展行動方案。尤其是對於以下情況的職位及員工，需要重點設定能力發展計畫：尚未完全具備目前工作職位所需的能力；為有效完成日常工作或已計畫的績效指標或工作目標，須提高某個或某幾個方面的能力；目前已具備完成目前工作或工作目標的能力，如若在某個或某幾個方面的能力有進一步發展，就能擔任更高的職位或承擔更多責任；已被設定為某職位的繼任者，對目標繼任職位所要求的能力及行為方式須制定能力計畫。

什麼是能力？能力是指根據企業發展的整體要求，個人需要學習的知識和發展的技能，而不是個人需要完成的任務或職責。個人需要學習的知識和發展的技能，可以用個人的行為表現具體化，從而幫助實現績效目標與工作目標。

能力可以分為兩個方面：一是專業能力，即完成個人職責範圍內的工作所需具備的專業技能。例如：對於規劃計畫部門，個人需要具備策略、市場以及統計數字等方面的知識，投資談判方面的技巧，以及與相關政府部門建立良好關係的能力；而財務部門則要求個人具備財務方面的知識與技能等。二是管理能力，即不同層面的管理人員所需具備的一般能力，例如：溝通能力，時間管理能力，行業知識等。

能力提升計畫可以透過個人與其直接主管的討論，根據個人目前程度及企業具體情況，根據個人績效目標與工作目標的設定，確定所需發展的個人能力。能力提升計畫主要包括：如何發展，如培訓、職務輪替、參與相關專案；何時發展以及如何評估，如合格證書、專業資格證書、職務輪替工作表現評估結果、專案表現評估結果等。

直接主管可以透過對個人行為的觀察，以及能力提升計畫實施狀況的了解，針對個人能力發展的狀況進行回饋和指導。

無明確職責則無執行

職責是職位存在的價值。「職」是職位要做什麼，通常講是職務。「責」是要做到什麼程度，達到什麼結果，通常講是責任。也可以說，「職」是過程或行為，「責」是結果。有

過程、有行為才能保證出結果,但結果才能創造價值。

員工都需要肩負職位職責。對於職責,沒有做,就是失職,做了,沒有達到目標,就是失責。如果失職失責,管理者就要問職問責。從管理的角度看,明訂職責,需要做到清晰的分工和明確的考核。有責任才有責任心,釐清職責,是建立員工責任心的起點。杜絕得過且過的心態和行為,出路只有一條,就是首先確立職責。

職場上有相當一部分人是「做一天和尚撞一天鐘」,抱著得過且過的心態在做事。得過且過,就是混日子。因為責任不明確,所以也就沒有什麼責任心,混得下去先混著,混不下去再說。在《雙線法則,卓越總裁管理模式》一書中,筆者曾總結了員工得過且過的三種狀態,即如魚得水、騎驢找馬、痛苦徬徨。

職責不清,讓員工對自己得過且過的行為,覺得合情合理。而且,得過且過,就像瘟疫,具有極強的傳染力。一旦得過且過在企業流行,就會影響一大批員工,企業就逐漸喪失了原有的工作氛圍。責任不明確,是企業提供的工作環境。所以得過且過,對有些員工來講,不僅覺得合情合理,甚至還覺得合規合法。為什麼員工總有理由推脫責任?為什麼員工能夠理直氣壯地說,這不是我的責任?原因就是責任不清,為不負責任提供了最合理的理由,為推脫責任提供了充足的空間。

第八章 制定平衡計分卡，落實策略執行

　　中小企業大多屬於草根成長。企業必須以市場為導向，才能求得生存和發展。市場的瞬息萬變，嚴酷的競爭環境，需要企業具備極強的適應性。於是靈活、多變，就成為企業的生存基因，也往往成為企業的競爭優勢來源。這種生存本能，導致企業在創業期和發展期，重視市場而忽略管理，企業內部「人管人，對人負責」的現象非常顯著。

　　共同責任和交叉責任是確立職責的天敵。在確立職責面前，沒有共同的責任，也不能有交叉的責任。東方人的普遍文化心理，是槍打出頭鳥。

　　共同責任，為選擇退縮，選擇多一事不如少一事，選擇所謂的低調，選擇搭便車，提供了最好的遮掩。群體無意識的責任迴避心理，讓交叉責任成為推脫責任者最冠冕堂皇的藉口。

　　東方人所謂的集體主義意識，讓共同責任和交叉責任總有看似合情合理的理由。所謂，重要的工作大家做，工作的完成才能得到保障，其實是領導者一廂情願的想法。因為在員工看來，大家做就是別人做，別人做就是我可以不做。在共同責任和交叉責任面前，員工就會相互看，行動停滯不前，事情懸而不決。

　　根據我們對企業的了解，許多企業的職責劃分和制定並不清晰。儘管許多企業都有部門職能說明書、職位職責說明

書、作業流程等,但並不能清晰合理地劃分職責,準確簡單地定義職責,導致職位職責說明書形同虛設,只是流於形式,對管理不能產生實際的幫助。這種現象頗為廣泛,原因在於企業制定這些檔案缺少一些基本的方法。

確立職責主要是對職位例常性工作的釐清,清晰合理地劃分職責,需要對所有的責任進行分析和拆解,將細化和明確化的責任落實到人頭,只有透過一對一的鎖定,責任才算明確。職責不清,90% 的問題是出在工作的配合過程。我們可以透過流程分析,仔細研究這些易產生問題的細節,分析不同職位在此環節中扮演的角色、需要擔負的工作,並透過流程檔案的形式給予清晰的界定和規範。

職責劃分清楚,還需要對職責進行準確簡單的定義,制定職位職責說明書是必需的工作。制定職位職責說明書需要遵循一定的規範,但並不需要制定各種條目俱全的盡善盡美的檔案。實際工作中,有些條目完全沒有必要。目前一般中小企業的管理現狀,不可能、也不應該照搬國際成熟大公司的做法,陷入文山會海、繁文縟節的形式之中。過多的條目,容易讓使用者迷失重點;形式上的完善,往往掩蓋了關鍵問題的缺失。

職位職責說明書,能夠在確定員工的績效目標和工作目標時,幫助管理者考慮到各職位所應該承擔的角色,避免部門目標即使分配到某個職位員工身上,但由於其並不對目標

產生直接影響或無法控制目標的結果,最終造成目標形同虛設;同時,能夠使績效目標對每個職位更具有針對性。因此,在制定員工績效計畫之前,應由人力資源部會同各部門,確定員工職位的主要職責,制定或調整職位的職責說明書。然後,交給需要為員工制定績效計畫的負責人,為設定績效目標和工作目標提供基礎。

職責說明書一般有以下這些條目:職位名稱、督導關係、使命陳述、職責說明、任職要求、職位授權等。在條件不成熟時,諸如:能力素養、工作接觸、工作條件、工作流程等可以大膽地去除。在有其他檔案時,諸如:組織結構圖、下屬彙報關係等也可以大膽地去除,免去不必要的筆墨。主要條目的說明見表 8.4。

表 8.4 職責說明書的主要條目

關鍵項目	說明	例子
職務名稱	提供公司批准的職務名稱	
督導關係	在職人員直接督導的職位 如果該職位有兩條回報途徑,一條實際運作的彙報途徑(日常)及一條功能性彙報途徑(方針),則兩條都應列出	市場部總經理直接向公司總監負責 招聘專員直接向人力資源部門主管負責

第三部分　新平衡計分卡的創新應用與實踐

關鍵項目	說明	例子
職務名稱	提供公司批准的職務名稱	
使命陳述	簡單、準確地說明該職位存在的意義及它對整個組織的獨特貢獻 總是始於一個動詞 繼續陳述這一個動詞發揮什麼作用，要達到什麼目的 不包括如何完成結果的過程	市場部總經理 透過制定市場行銷和業務經營策略，指導各子公司實行，使各種業務產品達到市場份額期望值，保證實現營運收入目標
職責說明	說明一項職位要求的最終結果 為達到職位目的，主要在哪些領域進行工作？ 該職位主要的明確成果或產出，以及為完成該工作個人所應負責任 職務在職人員所負職責以及其所要求的最終結果是什麼	招聘專員 定期查閱並保管空缺職位表，便於進行招聘及行使其他人事職能 準備徵人啟事，請主管批准；與廣告商聯絡，確保廣告正確並及時刊登
任職要求	從事該職位必備的最低要求，包括知識、技能、教育背景和經歷 未必與現任在職者的個人資歷相同 展現企業文化特色的要求，例如團隊精神、創新等等。	財務經理 教育背景 專業資格 工作經驗 專業技能
職務授權	該職務的決策權 依政策、規定或先例，而需做出決定並獨立處理工作的範圍	採購主管有權批准 $50,000 的採購申請。 任何超過此金額的採購要求須由經理批准

　　職責說明是職責說明書中最重要的內容，具體規定了職位的全部工作內容，是進行職位價值評估、設計薪酬績效體

系的基礎。

撰寫職責說明的要求如下：

・整體而言代表了職位的主要產出；

・描述了工作的成果而非過程；

・每一說明描述了單獨的、不同的最終結果；

・不是廣義的、籠統的說明；

・每一個說明都是沒有時限的，如果職位沒有改變，職責不會改變；

・每一職責說明應不超過八項職責。

撰寫職責說明一般以一句話來表達，需要有明確的動詞。常見的行為動詞如表 8.5。

表 8.5 撰寫職責說明常用的行為動詞

完成	執行	保證	建立
分配	建議	參與	實施
分析	批准	履行	跟進
評估	控制	計劃	推動
指派	統籌	提供	發起
協助	委任	提議	維護
審核	決定	檢討	管理
授權	發展	監督	激勵
提議	指導	服從	協商
提供	培訓	測試	組織
審核	支持	預測	收集

第三部分 新平衡計分卡的創新應用與實踐

實用、簡練的職位職責說明書一般如表 8.6。

表 8.6 ××公司職位說明書

XX 公司職位說明書	
職位：工程部部長	主管：生產常務副總
使命： 保證工程項目的有效實施，打造公司服務品牌	主要權限： 審核權：對工程施工各項規章制度、工程計畫制定等事項有審核權。 決定權：對工程進度控制、人員調配、施工設備調配、工程安全和品質控制、授權範圍內的費用核銷、直屬員工的任免、培訓、考核、獎懲等事項有決定權。

XX 公司職位說明書	
職位：工程部部長	主管：生產常務副總
主要職責： 制度建立和計畫制定：在生產常務副總的領導下，制定工程部各項規章制度和施工計畫，編列年度費用預算。 施工過程管理：實施工程項目，調配工程班長和工人，督導施工過程；處理客戶回應訊息，妥善處理遭遇問題。 施工項目統計：在工程助理的協助下，負責分析及彙報負責部門的施工項目情況。 安全品質管理：協助安全品質部門對施工人員施行職業安全教育，對施工項目嚴格按職業安全衛生規範實施操作並負督導責任。 施工設備管理：對施工設備定期檢查和校正檢驗；調撥、分配施工設備；組織內各項施工設備的日常養護及維修；編制組織內施工設備清冊檔案；處理設備報廢事宜。 部門員工管理：負責工程班長的培訓、考核、獎懲，審核部門員工的培訓、考核及獎懲。 其他部門協調：配合其他部門（例如市場部）的工作協助要求。	基本任職資格： 工科相關專業專科（或同等學力）及以上學歷，資歷優異者不限。 五年以上相關行業工作經驗。 三年以上同職務工作經驗。 了解施工安全相關法律規範，了解公司客戶的工程要求。 具備良好的溝通協調能力、突發事件處理能力、領導力和執行力。

放棄靈活性，確立員工預期

沒有差別的管理機制，導致有責任心的員工也不能得到什麼好處。如果企業是這種管理狀況，那麼在這家企業，員工就會無所謂有沒有責任心。

中國傳統文化虛偽之處，在於採取一種泛倫理的強詞奪

理,將利益問題,說成是道德問題。一個人合理地爭取自己的利益,被說成是道德有問題。這種文化的虛偽性,出自於封建帝王的倫理治國。故宮高懸的「大公無私」匾牌,不過是在「蒙騙」所有官民以自己的無私,成就帝王一個人的大私。

封建帝王時代,「普天之下,莫非王土,率土之濱,莫非王臣」,每個人都是帝王的依附,失去了獨立和自由,每個人都不能有自己的私,每個人也不應該追求自己的利。如今已邁步進入公民社會、公民時代,每個人都是具備自由意志、獨立人格的人,每個公民都有權利,合法地追求自己的利益。

《國富論》(*The Wealth of Nations*)的作者亞當・史密斯(Adam Smith)認為,市場經濟有雙「看不見的手」,這雙手能發揮作用,就靠人的自私。自私和利他,是市場經濟得以存在和發展的基本條件。自私是動力也是出發點,客戶價值是自私的結果。利他是實現自私的手段,利他才能換回自己所需要的利益。所以,利他還保證了自律,否則交換難以持續。

自私和利他,要求每個人都必須管理好自己的客戶價值。小到在企業做事,客戶是僱主,大到做生意,客戶是付錢與你交換的對象。

中國先秦的思想家,在這方面也都有睿智的觀點。先秦墨家學派創始人墨子,曾以利說義,以利害說道德,第一次

將道德與功利統一起來。墨子一針見血地指出，利之所在，乃德之本源。原來所謂德的基礎，不是源自什麼高尚的情操，而是來自市井小民的生存的需要、利益的需要。沒有了個體的利，也就沒有群體的德。進一步講，也只有尊重個體的利，才有社會的德。否則，利之不在，德將焉附。

先秦法家思想的代表人物韓非子，則以利害說制度，要讓好人有好報，同時為了防止人們做壞事，則必須讓惡行有嚴懲。韓非子認為，講道德，講道理，不管用，必須來真的。而且，韓非子認為，制度比人可靠，治理國家不能靠人，必須依靠嚴刑峻法。所以，為了樹立制度的威望，立法就得公開，執法就得公正，司法就得公平，也就是所謂的「三公」原則。制度的「三公」原則，放在今天，也有極大的意義，值得企業家學習和繼承。

同樣，儒家思想的創始人孔子，也並非迂腐，對世態人情亦洞察分明。他的思想觀點比韓非子雖然不同，但在這一點上，也如出一轍。他認為，好報才有好人。

我們的先賢聖哲，無一不承認趨吉避凶是人的本性。只不過墨子、孔子以利害說道德，韓非子以利害說制度。相較於道德的說教，制度比道德就更根本，也更可靠。現代法治社會，在合理的制度下，不管每個人在主觀上是趨利還是避害，在客觀上都將造成社會利益的最大化。企業管理，其實也是完全一樣的。

管理人就不能違背人性。講功利，講實惠，是人性轉化的起點；講仁愛，講正義，是人性教化的期望。如果在一家企業，員工沒有責任心，沒有什麼壞處，有責任心，也沒有什麼好處，那麼員工就會非常自然地無所謂有沒有責任心。這就是人性。

同樣我們需要認識到，自私是人的本性。可以改造的是管理，不可選擇、不可改造的是人性。過往有些企業採取一種洗腦文化，強調員工的付出與奉獻。這種與人性背離的所謂管理方法，在現代社會，已經沒法獲得人心。當然，這種情況現在是越來越少。

如果大多數員工選擇不負責任，或者責任心不強，那問題就出在制度上而不是人上。沒有差別，就是否定個體的私心。有責任心不能得到好處，每個人就都會喪失責任心。

有的企業會說，我們的員工責任心差，是因為員工的素養差，人員的職業道德與修養與優秀的企業無法比。於是寄託於應徵到優秀的人才，在應徵面試上努力。優秀的人才要價高，於是企業還得提高薪酬福利水準，以吸引優秀人才的加盟。

然而實際情況是，所謂優秀的人才，來到了管理不善的企業，一樣淪落為不負責任的員工。企業人力資源投入居高不下，企業效率沒見改善。這些企業只能感嘆：真正的好人才實在難找！其實，他們不知道，有效的管理才能引導形成

需要的員工行為，薪酬換不來責任心，有差別的績效激勵才可以。

人都是一樣的人，為什麼在不同的企業表現會截然不同，原因是企業內部的環境不一樣。好的制度讓好人開心如意，讓壞人轉變成好人。差的制度讓好人變成壞人，讓壞人如魚得水。所有的原因不在人，而在事。所謂的事，就是能夠實現差別的內部管理系統。

績效激勵是一種對工作結果進行差別化處理的回報機制。建立績效激勵制度是實行績效激勵的前提，讓遊戲規則在事前得到成文的規定。很多情況下，員工不是不做，而是就怕做了沒結果。目前有些老闆的邏輯是，讓員工先做，做出來再說，心裡暗自想，這樣我就比較靈活，給多給少也比較好掌握。不過，員工心裡卻會想，這個心裡沒底，又不能不做，只有少做點，看著做，試著做，有保留地做，最好是不做，看老闆最後怎麼辦？相互猜疑之間，損毀的是企業的競爭力。

企業家開公司辦企業，是在做一個事業平臺，為了一個共同的目標而將幾百人、幾千人甚至上萬人組織在一起工作。員工加入公司，其實是在與老闆做買賣，透過自己的工作而獲取回報。兩者的格局完全不一樣，企業家考慮問題，應該是幾百人的共性。而員工考慮問題，往往是自己的個性。所以，老闆要做好管理，一定要有大格局和大智慧。

老闆永遠不可能有員工靈活，因為企業是一個少則幾百人的組織。員工只是一個人，靈活只在一念之間，老闆根本就沒法察覺。缺少統一的規則，幾百人的靈活加在一起，企業將面臨失控的局面。做管理，要以不變應萬變，以規則取代靈活，這樣才能發揮管理的效力。

古人講究言不在多，但必須守信的道理，因為守信才能得到信任。雖然說守信大家都明白是怎麼回事，但是總有一些承諾，會由於各種原因而無法實現。口頭許諾的不明確性，會讓員工缺乏安全感和信任感。清晰成文的績效激勵制度，才可以建立員工穩定的預期，從而全身心地投入到工作中。

筆者曾經到一家企業做調查，企業董事長反映了如下情況。公司不斷發展，引進了新產品，又開設了一個新工廠。此時缺少一位新廠長，外聘人員一時難以勝任，老闆於是考慮從內部提拔。原來的舊廠有三個工廠，其中一個工廠的主任是合適的人選。老闆有意進行栽培，帶他出去參加各種學習。然而，這位主任內心卻並不願意。老闆給予了許多承諾，但是，這個主任還是以各種情況為由進行推脫。

作為一個現代社會的企業家或管理者，執行績效激勵制度，需要的是尊重契約的現代法治精神。好的企業文化，也是對這種契約精神的自然延伸。中華文化的特點，是人情關係，不是契約關係。延伸到企業管理，讓我們的管理往往缺

乏制度意識。所以，企業家管理者自身就需要轉變，從過往的權威管理、親情管理轉變到制度管理，從注重人情到注重規則。

制定績效管理制度的目的，是使員工致力於實現企業的策略目標，加強或改變企業文化與價值取向，透過公開獎勵政策，鼓勵員工積極進取，認同「功勞」而非「苦勞」，加強企業在應徵與保有人才的競爭力，與員工同享企業的成績。所以，薪酬方案的設計應展現績效激勵原則，在考慮如何設計績效薪資比例的時候，應該確立績效回報的原則和目的，建立起績效評估和薪酬結構之間的科學連結。

員工的責任得到確立，目標得到衡量，結果得到激勵。這樣，混日子的人就會少，人的能力也能得到充分發揮，不僅可以最大限度地發揮人力資源的價值，還可最大限度地減少人力資源的浪費。

第三部分　新平衡計分卡的創新應用與實踐

第四部分
用新平衡計分卡
建立策略執行平臺

第四部分　用新平衡計分卡建立策略執行平臺

第九章
追蹤平衡計分卡，控制策略執行

用「雙線法則」管理責任

管理的大哉問：做不到怎麼辦？

企業的災難，往往出自僥倖心理。僥倖心理來自，沒有責任心不會有什麼不好，破壞制度沒有什麼不行！僥倖心理也是一種投機心理，不過是用投機者的信譽甚至未來做冒險。

十年前某知名百貨大樓發生嚴重火災，造成54人死亡、70餘人受傷，經濟損失難以估量，對社會的負面影響更是難以用數字來形容。調查發現，導致這場火災的三個主要原因，都是因為僥倖心理。防患火災，可以說是商場、餐廳、劇場等人流密集區域的頭等大事。人命關天，火災管理制度不容破壞，該百貨大樓不可能沒有相關的制度規定。這樣一場大火，就要反問執行制度的兩個基本問題。

1. 制度有沒有發現問題？

事故的出現，偶然中帶著必然。員工在倉庫吸菸，將菸

蒂丟在倉庫。這種行為應該不是第一次，肯定是習以為常。為什麼沒有被發現呢？值班人員擅自離開工作崗位肯定也不會是第一次，有沒有被發現呢？這麼多僥倖心理碰在一起，一場災難就不可避免。這麼多次的僥倖心理行為，這麼多人的僥倖心理行為，只能說明該百貨的管理制度並未妥善執行，其管理層在工作監察方面的瀆職。

2. 制度是否能制止問題再次出現？

這位員工在倉庫吸菸，將菸蒂丟在倉庫，這種行為或許被發現了。不過，發現後有沒有追查，追查後有沒有處罰？如果將執行制度的獎罰措施落實到位，這位員工還會放心大膽地如此嗎？僥倖心理轉化為行為習慣，只能說明其制度執行已經形同虛設。日復一日，年復一年，出現這種事故不再是偶然，而是必然。

在沒有嚴格執行的制度面前，僥倖心理就像吸毒，在第一次的嘗試之後，就會上癮。那種竊喜和愉悅，還會感染周圍的人，讓僥倖心理像瘟疫一樣迅速蔓延開來。上癮的人數越來越多，讓僥倖心理成為一種普遍心理。破壞制度的行為不是被理解為違法，而是不願吃虧，企業的制度此時早已置之度外。

杜絕員工的僥倖心理，需要實施有效的責任管理。其實，責任是一個三度空間，兩條線切割出三個空間，用於管

理責任,我們叫它「責任三度空間」。員工達不到底線的工作要求,叫不負責,無責任心;員工達到了底線的工作要求,但沒有達到上線的工作期望,叫負責,有責任心;員工沒有達到上線的工作期望,或是不追求上線,只是說明他沒有上進心,而不能說他沒有責任心。

有上進心、有責任心和無責任心,這是員工的三種工作心態。心態不同,對待工作的方式以及工作的結果就會不同。有上進心員工的表現是盡職盡責,有責任心員工的表現是守職守責,而無責任心員工的表現是失職失責,見圖9.1。

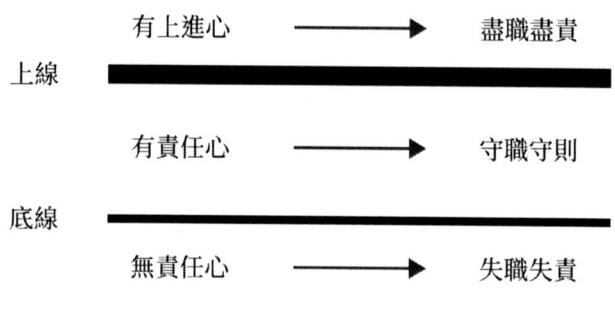

圖 9.1 責任三度空間

企業管理,不外乎兩種基本的方法,一是管理系統,二是領導技能。管理系統是透過硬性的流程制度來規範或限制人的行為,是在外發生作用;領導技能是透過軟性的思想觀念影響人的行為,是在內發揮作用。簡單講,管理系統管的是身,領導技能管的是心。

底線是強制性的，底線是每個員工必須達到的工作要求，達成需要獎勵，沒有達成就必須受到懲罰。針對底線，我們需要的方法是管理系統。上線是引導性的，上線是期望員工達成的高標竿，達成可以獎勵，沒有達成不受懲罰。針對上線，我們需要的方法是領導技能。上線只能被引導，不能被硬性要求，也不能做過多指望。

底線與上線只能用各自的方法達到各自目的。管理底線如果用上線的領導技能，那無疑是天真和幼稚，領導上線如果用底線的管理系統，則必然引起員工的反感和對抗。

底線的制度不會自動得到執行。制度執行不聽承諾，只看結果。制度要得到落實，一是要有嚴格的檢查，二是要有公開的處罰。嚴格檢查和公開處罰的目的，是杜絕「沒責任心，沒有什麼不好」的這種僥倖心理。

人們不會做你所希望的，而是做你所檢查的。制度執行的理念是，檢查什麼，才能避免什麼，從而保證得到什麼。有效的檢查包含兩方面，一是對權力使用和制度執行的監督，二是對目標完成情況的考核。如何檢查？首先，需要建立企業內部的底線制度，其次，要具體規定如何檢查、誰來檢查、什麼時候進行定期的檢查和不定期檢查。檢查不僅包括明查，還包括暗查和自查。總之，制度本身和制度的執行要遵循公開、公正、公平的原則。

第四部分　用新平衡計分卡建立策略執行平臺

處罰是管理的必須環節。沒有處罰,就失去公平。處罰遵循的是這樣一個公平原理:守職守責,不破壞底線,就不會損毀企業價值,對這種結果,不用獎勵,也不用處罰;失職失責,是破壞底線,損毀企業價值,這種結果,就需要得到處罰。這就是公平,否則,就是不公平。處罰必須進行公示,公開的處罰,目的是起警示作用。

執行沒有大小事之分,所有事情無論大小,所有人無論職位高低,只要是既定的規則,都要按制度執行。企業制度的執行,都是在一點一滴的堅持中得到落實。如果只建立制度而不能執行,那麼這個制度本身的威信就會蕩然無存。

筆者曾在聯想集團工作。聯想從20多年前的默默無聞到今天的世界龍頭企業,這樣的成就並非偶然,而是主要取決於兩大基本因素:第一點是創始人的策略意識;第二點是強大的組織能力。聯想強大的組織能力主要是透過其制度的剛性來展現,這種剛性的制度可以克服知識分子創業隊伍的先天性弊端,使組織的制度落到實處。

聯想發展的基礎是早期的制度文化,即斯巴達方陣文化。所謂斯巴達方陣文化有兩個主要特點:強調集體的力量和制度的剛性。這種文化建立伊始,從最高領導人到每一個基層員工,都在矢志不渝地遵守這種文化、貫徹這種文化。

以開會遲到為例,曾聽前輩說過這樣一個故事。聯想規

定：開會不準遲到，如果遲到的時間大於等於 5 分鐘，與會者就不用參加會議了；如果小於 5 分鐘，那麼遲幾分鐘就在門外站幾分鐘，然後再進來開會。正好有一天老闆遲到了，他遲到的時間大概是三、四分鐘，於是，老闆就按照規定站在門口，直到站夠了規定的時間才走進會議室。試想，連公司的最高管理者都能以身作則，其他的員工又怎麼能不遵守制度呢？

指導日常工作，定期質詢業績

日常工作指導，是指經理與員工一起追蹤目標完成情況，並幫助他們努力達到或超越已制定的績效計畫。日常工作指導的意義在於，透過經常不斷的指導，確保員工從一開始就將工作做正確，省去大量等問題產生後再去解決問題的時間和精力。同時，還能確保員工的工作結果與下一道工序的客戶期望一致。另外，日常工作指導，還能結合績效結果與專業技能的培養和人力資源的開發，激勵符合企業發展方向的個人表現。

日常工作指導可以分為三種方式：

一、鼓勵型，對那些具有較完善的知識及專業化技能的人員，給予鼓勵或建議，以促動更好的效果。

二、方向引導型，對那些具有完成工作的相關知識及技

能，但偶爾遇到特定的情況不知所措的員工，給予適當的指點及大方向指引。

三、具體指示型，對於那些對完成工作所需的知識及能力較缺乏的員工，常常需要給予較具體指示型的指導，將做事的方式分成一步一步的步驟傳授，並追蹤完成情況。

定期業績審議，即採用正式會議的形式，回顧業績目標的完成情況，討論期間遇到的問題，研究制定必需的改進措施和計畫。這個時候，平衡計分卡就成為控制策略執行的儀表盤。監控平衡計分卡上關鍵績效指標的變化，就能了解策略執行的具體情況，從而採取有針對性的改進措施。

策略執行管理需要建立一個雙循環的循環控制系統，見圖 9.2。

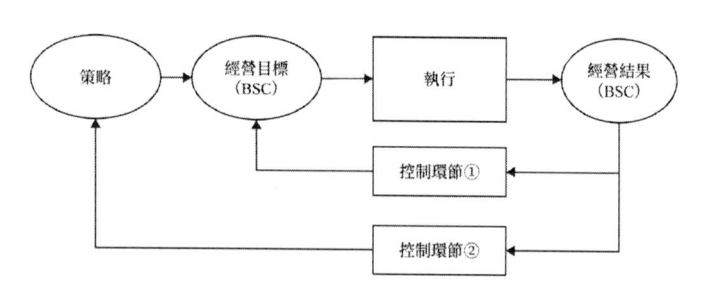

圖 9.2 雙循環的控制系統

控制環節一，主要是採取經營審議會的形式。經營審議會的目的在於，分析實際表現與計畫目標以及預算之間的差

異，制定導正措施和改進計畫，以努力達成目標和預算要求。在這個循環中，策略和經營目標是不需要進行調整的。

控制環節二，主要是採取策略審議會的形式。策略審議會的目的在於，控制策略：監督策略的執行情況，看行動是否執行到位；驗證策略：檢查策略假設的合理性，審議策略的有效性，反思行動的有效性；調整策略：基於環境變化和對環境認識的深入，即時更新策略，把握環境變化帶來的機遇。在這個循環中，策略是會做出調整的，進而經營目標也會相應地做出調整。

在召開經營審議會以及策略審議會之前，需要收集資料。

人力資源部門或財務部門於每個月或季度初通知相關資料提供部門，針對內部資料的收集提出具體要求，於每個月或季度末，將目標完成情況資料交由相關職能部門和業務部門審核及確認，以保證資料的真實可靠，然後由人力資源部或財務部彙總。

每月的公司業績報告，說明公司整體業績，供總經理和業務部門主管傳閱，可用作持續的業績監督。每季的公司業績報告，供董事會、總經理和業務部門主管傳閱，以審核公司的策略執行進度，可用作每季度審核和規劃。

公司行銷或計畫發展部要收集外部資料，提供行業背景

與近期市場變化的資訊,主要包括以下四個方面:

一、市場大小,產品和服務所占市場份額的變化;各類細分市場變化大小,尤其是近期的成長或萎縮趨勢,盈利現狀及預測,初步分析影響市場大小變化的主要因素。

二、政策法規,過去一季度或近期內已經或即將發生的相關政策法規變化,特別是政府發表的相關政策;地方法規對本行業的影響,提出企業可能的應對措施。

三、競爭情況,主要競爭對手的近期動態、經營措施,分析其對企業的影響,提出可能的應對措施。

四、技術發展,研究國內外技術發展的新動向,受市場歡迎的新產品和服務;分析這些新技術業務發展對企業的影響,以及企業如何調整以適應外部環境變化。

召開經營分析會議以及策略分析會議,需準備的材料有:

一、各部門的業績合約;

二、月度業績報表;

三、季度及年度經營業績達成情況分析彙總;

四、草擬的改進措施,本季及本年的經營計畫初稿;

五、行業近期市場需求或競爭的變化。

召開經營分析會議以及策略分析會議,會議議程一般應該是這樣的:

一、參加人員：總經理，各部門總監；其他財務、會計及人力資源部相關人員列席；

二、會議時間：經營分析會議建議為每月底，策略分析會議建議為每季度底；

三、會議規則：會議不僅是為了提出問題，說明理由，更旨在共同解決問題；各部門對差距的認識及解決方法準備充分，並準備相關資料、圖表和改進計畫。

四、會議議題：

◆ 財務總監介紹上月、上季度公司整體目標完成情況，主要差距以及差距的來源；
◆ 每個部門逐一彙報上月、上季度的業績目標完成情況，可能措施與下月、下季度行動計畫調整建議；
◆ 總經理與其他參加人員逐一對各部門的業績質詢，以提出更深入問題，並責成解決；
◆ 財務總監總結會議需解決的問題，釐清改進目標；
◆ 總經理總結，宣布會議結束。
◆ 在經營審議和策略審議會中，總經理領頭對業績進行質詢，主要問題如下：
◆ 本月、本季度目標完成得如何？對全年的目標完成預期？
◆ 上次審議會確定的行動計畫完成情況如何？有什麼困

難與障礙？
- 各主要產品和服務的主要競爭對手的業績情況如何？
- 新專案是否按計畫進行？完成的困難是什麼？
- 對各項投資計畫落實情況？上期投資報酬的情況？
- 什麼原因造成無法或順利或超額達成？
- 外部環境變化的影響因素？
- 產業政策有無變化？對我們的意義是什麼？
- 主要競爭對手有無新措施？我們有無正確應對？
- 主要的市場需求是否發生變化？我們有沒有相應變化？
- 內部的主要驅動因素？
- 人力資源是否充足，配置是否得當？
- 資金運用是否得當？
- 別的部門對你的支持是否足夠？
- 計畫是否制定得不夠客觀？
- 針對提議的解決方法，如何彌補或再接再厲？
- 這些措施與原計畫中的行動有何不同？
- 如何保證這些措施可以有相應的效果？財務估算如何？
- 這個措施需要多少人員和資金？
- 如果沒有這些措施，還能做些什麼來完成關鍵業績目標？

評定結果,落實績效回報

「我們解僱那些沒有到達公司公布目標的經理。只有達到公司內部目標的經理,我們才給予額外的獎勵和提升。」

—— 傑克‧威爾許(Jack Welch)(奇異公司前執行長)

「從我上任以來,我換了50位最高級主管之中的80%。」

—— 賴利‧包熙迪(Larry Bossidy)(聯信公司前執行長)

績效激勵的原理是：激勵什麼,才能得到什麼。績效激勵的根本目的是要在企業內部形成一種拉力和推力。有人說,績效考核的目的就是為了發獎金、發績效薪資,通俗地講是為了「分錢」。其實,這是一種錯誤的理解,「分錢」只是手段,而不是目的,並且「分錢」也不是唯一可採取的手段。

釐清了績效激勵的根本目的,筆者建議採取更加簡單的方式來劃分績效等級,即一分為三,將員工的表現分為三類,見圖9.3。

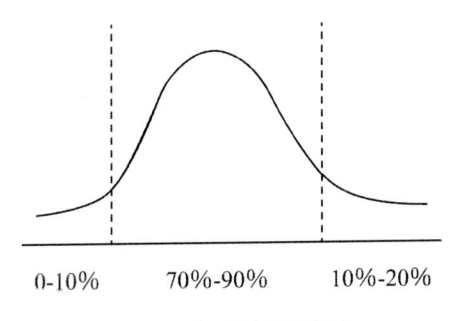

圖9.3 三類績效等級劃分

第四部分　用新平衡計分卡建立策略執行平臺

一、績效不合格者，可以占到員工總數的0%到10%。這部分員工為績差對象。0%的意義為，不建議有強制淘汰比例，而是需要根據情況進行調整。

二、績效合格者，可以占到員工總數的70%到90%。這部分員工為拉動對象。

三、績效優異者，可以占到員工總數的10%到20%。這部分員工為保留對象，給予物質和精神的激勵。

劃分三類績效激勵類型，可以達到績效激勵的目的。少部分的績效優異者可以對大部分的績效合格者形成拉力，少部分的績效不合格者可以對績效合格者形成推力。在這裡，基本原則是，獎勵比懲罰更重要，推力可以沒有，而拉力必須有。

有些企業採取非常細緻的績效劃分，比如分5級：A、B、C、D、E，甚至分6級、7級，從優秀到不合格依序排列。此舉無非是想達到一個目的，分好錢，讓員工覺得公平。然而，分錢僅僅是手段，企業往往因為手段而忘了目的。目的能夠達到，這樣細緻的劃分，就沒有什麼必要。相反，還會帶來不少額外的問題。

績效激勵永遠沒有絕對公平，只有相對公平。過細的劃分，會讓員工為了是B還是C，是C還是D，爭論不休，心中難平。績效考核與獎懲本身就是一項隱形成本巨大的工

作,過細的劃分,過多的爭論,不但不能產生效益,而且增加成本,降低員工滿意度。所以,我們建議把握核心目的,從簡處理。對於為什麼是 B 而不是 A,可以簡單地回答:你的表現還不夠優秀。對於為什麼是 C 而不是 B,也可以簡單地回答:你的表現足夠差。事情少,才能辦得好。這樣,可以節省精力,真正處理好 A 和 C 的員工典型,讓這兩類員工的績效等級禁得起評論就可以了。工作量少很多,目的同樣可以達到。

績效激勵是建立企業文化的有效手段。錯誤的獎勵和錯誤的懲罰,扭曲了員工的價值觀,將使真正好的員工看不到希望。所以績效激勵必須得到認真對待,一旦實行,就必須建立獎懲制度的嚴肅性和權威性。寧可從簡,對 B 類員工,可以不獎勵也不處罰,也不能為了所謂的公平,實行錯誤的獎勵和錯誤的懲罰。那種敷衍了事的績效激勵,為了完成任務的績效激勵,對員工心理的負面影響是難以估量的。

對於員工而言,績效激勵的回饋手段可以多種多樣,比如:

◆ 激勵性薪酬,如績效加薪、年終獎金、現金獎勵、股票或股票期權方案。
◆ 職業發展機會,如提升、職務輪調、培訓等。
◆ 非薪酬獎勵,如實物獎品、特許假期、旅遊券、度假旅行、聚餐等其他回饋形式。

◆ 精神回饋，如榮譽稱號、公開表揚、參與傑出俱樂部、參與重要而有意義的工作、在設定目標和制定決策時的影響力等。

不管是何種獎勵形式，任何獎勵的背後都代表著認可和讚美。其實，要使人們始終處於施展才幹的最佳狀態，唯一有效的方法，就是認可和讚美。沒有比受到主管批評更能扼殺人們積極性的了。在下屬情緒低落時，認可和讚美是非常重要的。身為管理者，需要在公眾場所認可和讚美績佳者，或贈送禮物給表現特佳者，以資鼓勵，激勵他們繼續奮鬥。一點小投資，可換來數倍的業績，何樂而不為呢？

韓國某大型公司的一名清潔工，本來是最被人忽視、最被人看不起的角色，卻在一天晚上公司保險箱被竊時，與小偷進行殊死搏鬥。

事後，有人為他請功並問他的動機，答案卻出人意料。他說，當公司的總經理從他身旁經過時，總會不時地讚美他「你打掃得真乾淨」。

就這麼一句簡單的話，就使這個員工受到感動，並以身相許，可謂「士為知己者死」。

美國著名女企業家瑪麗凱（Mary Kay）曾說過，「世界上有兩件東西比金錢和性更為人們所需，那就是認可與讚美」。

金錢在促進員工積極度方面並非萬能，而認可和讚美恰

好可以彌補它的不足。因為每一個人都有自尊心和榮譽感。你對他們真誠的認可和讚美，就是承認和重視他的價值。而能真誠讚美下屬的主管，能使員工們的心靈需求得到滿足，並激發他們潛在的才能。在同等條件下，員工更希望在可以滿足個人成就感的環境下工作，有時這一需求甚至超過薪水的誘惑。

在需要的時候，公司必須堅決淘汰績效不合格者，從而提高公司整體的經營業績，樹立積極向上的企業文化。許多公司不願意淘汰績效不合格者的原因不外乎，難以明確篩選績效不合格者，難以找到更好的人員來遞補，甚至從感情上難以割捨。但若不淘汰績效不合格者，企業就難以獲得長久的業績保證。

容忍績效不合格者，無論出自什麼原因，都會對公司造成損害，績效合格者與績效優異者的士氣會受到損害，他們感到自己的進取為績效不合格者所拖累，額外的努力沒有足夠的回報。尤其是績效不合格的管理者，不會也不可能吸引、保留並培養優秀的人才。容忍績效不合格者的管理者，特別是一些所謂的「忠臣」，將嚴重地破壞公司整體的管理氛圍。

第四部分　用新平衡計分卡建立策略執行平臺

第十章
鞏固組織能力，平衡持續發展

「5 步二十法」策略執行系統

　　為建立以平衡計分卡為平臺的策略執行系統，筆者開發了一套應用流程——「5 步二十法」。「5 步二十法」是一套以流程和制度為載體，以年度經營目標的制定和執行為主線的策略執行管理系統。前文說道，策略執行＝企業管理＝績效管理，所以「5 步二十法」策略執行管理系統，也可以稱為經營管控體系或是策略績效管理系統。「5 步二十法」是企業管理的「基本法」，是企業執行長、總經理必須親自參與的流程。

　　「5 步二十法」貫穿了年度目標制定、年度計畫預算以及績效考核管理這三大管理流程的核心（見圖 10.1）。透過年度經營目標制定流程，確定今年應該做什麼，做到什麼程度；透過計畫預算管理流程，明訂每個部門、每個人應該如何做，以及執行的過程如何控制；最後透過績效考核管理流程，釐清每個人的貢獻是什麼，以及每個人的回報是什麼。

「5步二十法」建立的是以平衡計分卡為基礎的經營目標系統。用「企業年度的平衡計分卡」來明訂策略目標和控制執行過程,用「部門分級的平衡計分卡」來縱向承接和橫向協調經營目標,再透過將經營目標層層分解和落實到職位,以建立一套內部緊密協調一致的關鍵績效指標考核系統。

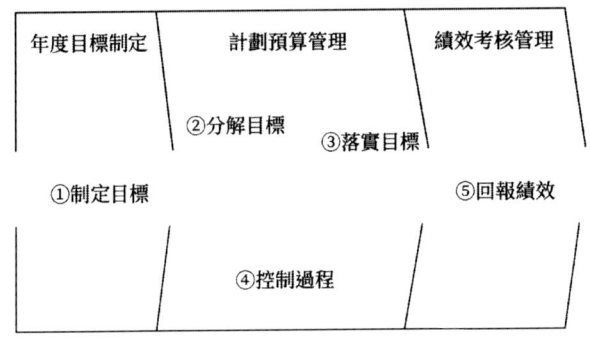

```
| 年度目標制定  |   計劃預算管理   |  績效考核管理  |
|              |  ②分解目標       |              |
|              |        ③落實目標 |              |
| ①制定目標    |                  |  ⑤回報績效   |
|              |   ④控制過程     |              |
```

圖 10.1 「5步二十法」原理

建立這樣一套考核指標系統,用到的就是「5步二十法」的前三步,第一步,制定目標;第二步,分解目標;第三步,落實目標。透過這三步所建立的績效考核系統,應該像一棵大樹。客戶價值是根,樹的主幹是企業經營目標,大枝椏和小枝椏是部門或小組的目標,樹葉是職位的目標。一棵大樹,雖然枝葉茂盛,層層疊疊,然而經絡分明,疏而不漏。我們建立的績效考核指標系統,亦當如此。

績效考核指標系統是企業管理的核心內容。很多企業實行績效管理,但效果令人失望。原因就在於:企業在設計績

效考核指標系統時，沒有以客戶價值為導向，同時，對績效考核指標系統的分解，也缺少正確的方法，導致體系的設計，不是設計錯了，就是太麻煩了，讓績效考核成為雞肋，食之無味，棄之可惜。

「5步二十法」，總共5步，每步主要有4個方法，5乘以4等於20，故稱為「5步二十法」。「5步二十法」是一套系統的管理方案，透過方案的引入、固化和優化，企業將建構扎實的管理平臺，形成卓越的組織競爭力。

介紹一下「5步二十法」每步所解決的主要問題：

第一步，制定目標。

目前企業的策略執行大多是由想法彙集而成各自為政的做法，缺少協調一致的行動，策略是模糊的，因而執行也是混亂的。確立企業的年度經營目標，就是要明確，今年策略執行要做什麼和做到什麼程度，力求統一想法和步調一致。

此步驟透過規劃企業的策略行動，制定以客戶價值為源頭的經營目標系統，讓企業各級管理者能清楚理解並協同執行企業策略，在源頭上確保企業的策略執行力。

第二步，分解目標。

88%的總經理對計畫預算不滿。原因在於，計畫與策略目標缺乏連結，預算開支沒有重點，關鍵行動方案得不到資源的保障，制定計畫預算的過程陷入討價還價的漩渦，缺乏

創造性和建設性。制定計畫預算過程的無效，還導致下級部門對上級目標的漠視，以及部門之間目標導向上的不協調，在制度上埋下了矛盾和爭執的種子。

本步驟可以建立有建設性的計畫預算過程，透過合理、有效的年度經營目標分解，讓計畫支持目標的實現，讓預算支持計畫的執行，讓工作計畫真正圍繞經營目標展開，讓資金預算真正花在刀口上。

需要提醒的是，說起計畫預算，很多管理者往往認為這是財務部門的工作，其實，這是一個誤解。任何部門都需要制定計畫預算，以確保部門目標的實現，財務部門在這個過程中，只是負責指導和綜合平衡。而且，制定計畫預算，是先有計畫再有預算，這個過程不能顛倒，所以一定是以各業務部門為主體。另外需要說明的是，基於平衡計分卡的計畫預算過程是非常簡單的，一旦掌握方法，就會進一步發現平衡計分卡的奇妙之處。

第三步，落實目標。

企業目標不能有效落實到職位，將會造成的現象就是各級員工「茫、盲、忙」。

第一個是茫然的茫。

員工乃至中高層都不知道策略執行與自己的工作有什麼關係，對自己的工作有什麼要求。導致大家在一起，一談到

策略或策略執行,滿臉一片茫然。策略執行需要群策群力,然而,員工的茫然,讓他們寶貴的知識和經驗,在這個過程中都無法得到充分的利用。

第二個是盲目的盲。

員工執行策略沒有自己的目標和動力。沒有清晰的目標,導致各級人員不能發揮工作的主動性和創造性,只能被動地聽命行事。這樣一種工作環境,不僅助長了員工的惰性,而且也萎縮了員工的能力。

第三個是忙亂的忙。

目標的不協調,導致損耗過多,主管顧此失彼。企業內部,永遠有大大小小的會議,協調各式各樣的問題。公司從上到下的工作,到底有沒有忙在重點上,有沒有忙出價值,反而沒有人關心。

本步驟將透過機制設計,解決員工努力工作的態度問題;透過考核指標,解決員工工作重點和目標協調的問題,以匯聚和激發每個人的能量。

第四步,控制過程。

前面三步解決的是管理策略執行,該「管什麼」,本步驟要解決的問題是該「如何管」。若對此沒有想法,將無法監控策略行動,策略規劃淪為空談而無法實踐,更遑論檢驗和更新。

環境越難以預測,就越需要適應環境的靈活性。本步驟

將建立管理策略執行的組織機構,健全業績審議的追蹤制度,形成雙循環的策略性與戰術性控制循環,以有效掌控企業的經營,修練速度、反應和靈活性的管理內功。

第五步,回報績效。

獎勵方向錯誤,一切的努力都是蒼白的。貫徹績效回報就是啟動企業的良性發展機制,讓雪球越滾越大。但如何分配利潤,以落實激勵機制的政策導向性?如何計算業績,以謀求企業與員工的可持續發展?這在現實中需要一個規範的、可持續的解決方案。

本部分流程將建立業績評估與績效兌現機制,制定科學、合理的分配方案。所謂的科學是為了保證企業的可持續發展,所謂的合理是為了保證員工的激勵,以達成企業與員工持續雙贏的發展願景。

建立管理策略執行的組織機構

傳統的績效管理存在許多弊病,比如:把績效考核當成績效管理,強調以往績效,而不是未來目標;沒有一套科學的績效標準制定方法,績效指標無法與策略連動;績效考核基於一系列互不相關的指標,如德、能、勤、紀;績效管理過程只有事後「把關」沒有日常的指導;個人回饋未能反映經營目標的實現情況。

第四部分　用新平衡計分卡建立策略執行平臺

　　引入平衡計分卡，建立的是一套策略績效管理系統。策略績效管理著眼未來價值創造，核心目的是幫助企業達成策略目標，強調管理過程。指標系統的設立與策略密切相關，在績效標準設計上強調員工能力的培養，績效激勵與策略目標之間的連線更具系統性。

　　具體來看，策略績效管理有四大作用：

　　一、策略績效管理的目標系統，透過以客戶價值為核心制定經營目標系統，再將企業經營目標系統分解到部門，落實到個人，落實策略執行的任務。同時，策略目標的分解和設立是最好的策略溝通手段。

　　二、策略績效管理就是策略執行管理，透過監控關鍵績效指標的實現情況，可以了解策略執行情況的好壞，並確保策略執行在既定的軌道執行。

　　透過分析關鍵績效指標之間的因果關係，可以了解策略行動方案的有效性，以即時調整和更新策略。

　　三、策略績效管理是企業價值分配的基礎。績效激勵的原則是以貢獻而非表現決定報酬，強調個人績效對企業業績的影響，注重對創造價值員工的激勵。策略績效管理是推行以業績為導向核心價值觀的最好工具。

　　四、策略績效管理是提升工作技能的手段。管理人員透過幫助下屬人員設定績效目標和工作目標，在日常工作中激

勵、指導和協助下屬達成目標,從而能提升管理技能。策略績效管理是管理人員和基層員工不斷學習成長的動力和方式。

基於策略績效管理的不同作用,策略績效管理不是人力資源部單一部門的工作,而是企業管理的中心工作,是企業最高領導者的首要工作。其實,優秀的企業,都有一個共同的管理理念,即企業管理＝績效管理＝策略執行。

目前,很多企業在內部管理上,確立年度的經營目標是總經理的工作,分解目標和制定計畫預算是財務部的工作,制定員工績效計畫是人力資源部的工作,控制執行過程是總經理辦公室或經營管理部的工作,實施員工考核則是各業務部門的工作。這些工作散布在各個部門各行其是,而缺少內在的協調。企業的最高管理者理所當然是這些工作的統籌者,但因為協調工作的複雜性,以及時間精力投入的局限性,而讓管理效果大打折扣。在一個不通暢的管理平臺上執行策略,其效果就可想而知。

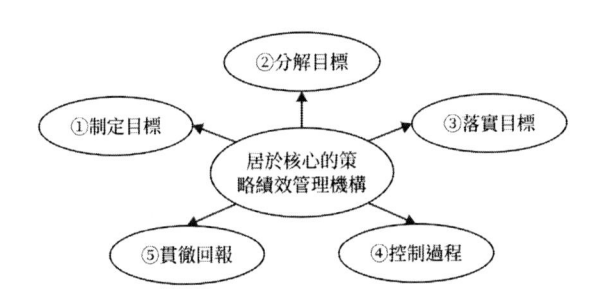

圖 10.2 策略執行管理機構的五大任務

第四部分　用新平衡計分卡建立策略執行平臺

見圖 10.2，策略績效管理所具備的策略執行功能，要求企業建立一個統籌協調的管理機構，擔負管理策略執行所必須完成的五大任務：一、制定目標；二、分解目標；三、落實目標；四、控制過程；五、貫徹回報。柯普朗曾提議，稱此部門叫「策略管理辦公室」。這個辦公室是企業設計和更新平衡計分卡、分解和落實平衡計分卡、監控和獎罰平衡計分卡執行情況的專門機構，應該是企業的平衡計分卡專家。

經過市場經濟的殘酷洗禮，企業在經營理念上以客戶為導向，在業務運作上以行銷為核心的概念已是深入人心，行銷功能已經處於企業業務運作的核心位置，但在基礎管理上應該以什麼為核心，還沒有達成共識。

對企業經營而言，策略的核心就是客戶價值，管理就是確保客戶價值的實現。藉助平衡計分卡四個層面的因果關係，企業可以將外在的客戶要求轉化為內部的經營目標，以平衡計分卡為基礎的策略績效管理就是客戶價值管理。在管理上以策略績效管理為中心，在業務上以客戶價值為導向，這兩種邏輯其實是一致的。因此，策略績效管理的重要性是顯而易見的。

優秀諮商案例：如何讓策略落實

某公司（以下簡稱，客戶）成立於 1997 年，資本額 8000 萬元，公司主要研發、生產和銷售補償器和玻璃鋼系列製

品,以及承接防腐及電力環保裝置維修工程。公司有員工200多人,其中銷售業務員30多人,管理人員15人,部門職能人員30多人,一線生產及安裝服務工人接近200人。公司為總經理負責制,下設有總經理辦公室、業務部、技術部、生產部、工程部、財務部和行政人事部等,每個部門設有部門總監,分管部門的日常工作。

客戶的系列產品,非金屬膨脹接頭、玻璃鋼製品等,應用範圍非常廣泛,涉及電力、冶煉、化工、鋼鐵等多個領域,市場前景極為廣闊。目前客戶產品的主要銷售對象為各大火力發電廠,應用於煙道和脫硫系統的噴淋環節。公司的品牌聲譽位於行業前三名,尤其是產品的安裝品質和售後服務速度為客戶所稱道。公司的兩大類主營產品,非金屬補償器和玻璃鋼噴淋管,雖擁有自己的專利,但並不嚴密,常被其他企業模仿。

目前客戶的業務受各地小型加工廠的衝擊,在價格上趨於劣勢,而且還有被拖入價格戰的危險。另外,客戶還受到行業內強勢競爭對手的市場擠壓。

客戶經過13年的發展,在內部管理上也是矛盾重重,明顯表現在:部門之間協調困難,員工對各部門職權並不重視,只重視老闆指令;有功者恃功而驕,挑戰企業制度;激勵考核機制不健全,做好做壞之間差距不大,一線工人積極性不高,導致售後和安裝服務品質下降,部分員工上班時工作不積極;另外,新技術的研發力量薄弱,人力資源儲備不能滿

足業務發展的需求。

策略和管理上的種種問題，導致客戶遭遇增長瓶頸，2007 年至 2009 年，銷售額一直徘徊在 4 億元左右。然而經估算，燃煤電廠每年更換裝置的需求，保守估計 40 億元，而客戶所占的市場占有率僅為 1/10，在行業中處於一個難上易下的敏感位置，客戶必須尋求突破以贏得發展甚至生存的空間。

面談中，公司董事長深感，企業要成長，心有餘而力不足，因此為企業的改革創新尋求有力的支持。

綜合管理診斷

針對客戶提出的管理訴求，筆者結合了綜合管理診斷和專題管理診斷，關注從策略制定到經營實施的整體過程，分析影響業績增長的要素。

綜合診斷採用國際知名諮商公司麥肯錫的 7S 體系，並針對實際情況進行優化。診斷主要圍繞以下七個方面的問題：

策略制定：公司如何尋求成長？未來憑什麼凝聚人心？

價值理念：是否具備適應企業發展要求的組織行為規範和價值觀？

組織架構：公司內部高、中、基層管理人員的責權是否清晰？

管理制度：年度經營目標的制定和執行控制平臺是否完善？

業務流程：企業的業務運轉模式和業務流程是否合理高效？

管理風格：高層領導及管理層的日常工作如何激勵員工？

企業員工：人員的素養、技能、態度能否支撐目標的實現？

具體操作上，我們採取了內部深入訪談、外部客戶調查、系統問卷調查、財務數據分析以及管理實踐對比等多項手段，以獲得對客戶管理問題的洞察力。沒有調查就沒有發言權，所以我們對調查階段的工作特別重視。

深入訪談包含客戶所有關鍵職位的員工，上至董事長，下至市場助理、一線工人，共計32人，每人一小時，對特別重要人員則時間不限，如總經理、市場部總監等，並且在密集訪談後，再次針對關鍵問題進行澄清和確認。

外部客戶調查選取了10家典型的客戶，在此過程中，我們分別與客戶的商務人員和技術人員進行了1小時的面對面溝通，並在顧問的現場說明下，填寫了企業競爭力調查表，以獲得對客戶競爭力和客戶滿意度的深入了解。

問卷調查樣本數接近百人，占總人數的三成，樣本涵蓋客戶的高、中、基層人員。問卷全部被有效回收，再透過科

第四部分　用新平衡計分卡建立策略執行平臺

學的量化分析方式，總結調查結果，並就結論取得共識。問卷中，關於員工的改革意願，獲得了高達90%的支持率；對企業內部管理的評價，只有20%的人打分超過80分。調查的結果為後續的管理改革提供了群眾意見基礎，董事長對企業的管理狀況也有了更清晰的理解。

財務數據分析的基礎為企業近5年的財務報表和銷售數據，重點分析人均產值、營業收入、淨資產、淨利潤率、管理費用、銷售費用等一系列重要指標。在此過程中，發現客戶存在應收比重過大而且比重逐年增加的隱患，深入分析則發現庫存商品大幅增加，涉及銷售與生產之間的計畫協調。

綜合來看，客戶經營13年，管理依然處於非常原始的狀態，管理水準不能支撐企業的成長，主要表現在：

一、缺乏明確的策略牽引，比如如何持續成長的策略業務布局，以及對企業未來成功基礎的清醒認識和規劃，只有短期的銷售目標。

二、流程不清，責任不明，部門之間合作艱難，同樣的合作問題，反覆出現，經常出現，如：工程部與業務部在安裝工程上的協調。

三、企業老闆在管理上「一竿子到底」，中層管理人員無法發揮應有作用，威信受到挑戰。日常工作中，普遍感覺壓力大。

四、沒有基礎的目標管理系統,工作方式隨性而為,也沒有正確的績效管理概念和考核方法,員工普遍覺得付出與收穫不相符。

管理診斷,讓我們對客戶的管理差距和提升目標,有了更直觀的判斷。同時,也對影響業績成長的關鍵要素有了更深刻的認識。

主體解決方案,讓策略落實

企業管理分為策略和執行兩部分。策略就是客戶價值,關注如何「賺錢」,管理就是透過執行將策略完美落實,致勝策略 × 有效執行＝業績,有策略沒執行不行,沒策略瞎執行也不行。所以,有效的管理解決方案,必須從策略和管理兩方面著手,同時,必須將策略轉化為管理目標的關鍵環節,從中獲得促成業績提升的有效方案。

基本的解決思路是釐清策略,讓企業知道做什麼、不做什麼,包括主要做什麼、次要做什麼,今天做什麼、明天做什麼,建立從上到下的策略目標分解體系,讓策略由意識到行動,包括從老闆到高階主管,從部門到個人,同時,以策略目標為導向,制定員工的績效考核方案,確立關鍵考核指標,做到策略執行需要什麼就考核什麼,從而保證得到什麼。

主體方案設計分四步,在此過程中,需要從大局著眼,

第四部分　用新平衡計分卡建立策略執行平臺

從制度入手，抓住企業策略目標制定和實現的主線，這樣才能形成內部協調一致的管理系統。

第一步，確定策略執行主題。

策略執行主題是策略執行的靈魂。在這一步，需要召開制定策略執行主題的研討會，釐清如何獲取客戶的策略執行主題。這個過程中需要擴大中高階層人員的參與度，讓策略不單單流於口號，更要深入人心。其中，老闆要身先士卒，是策略的鼓動者和實踐者。致勝策略 × 有效執行＝業績。策略執行管理，必須有效解決策略與執行之間的這個「×」。「×」得不好，策略與執行脫節；「×」得好，執行才有焦點。關鍵是將企業策略不打折扣地轉化為企業內部的執行目標。在這一步，所用到的工具是「價值分析矩陣」，見圖10.3。

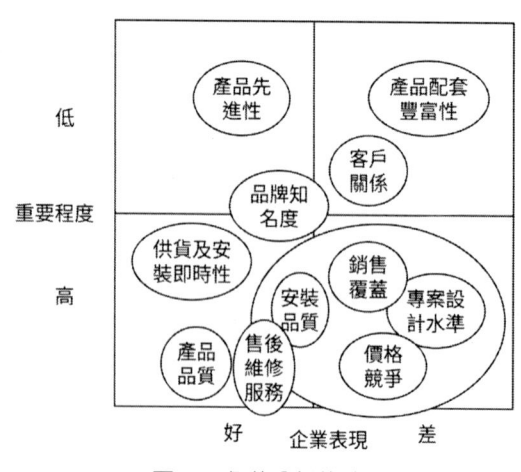

圖10.3 價值分析的結果

根據顧問的系統分析，同時透過與客戶高層及行銷人員的深入溝通，最後諮商小組畫出了如圖 10.3 所示的「價值分析矩陣」，為客戶確定了四大策略執行主題：

一、提高安裝服務品質；

二、提高銷售的涵蓋率；

三、提高方案設計水準；

四、提高價格競爭力。

此分析調整了影響管理決策的「提高產品配套豐富性」的趨勢，同時，也降低企業「提高產品先進性」的投入。

第二步，繪製策略地圖。

繪製策略地圖的目的，是確定實現策略執行主題的行動方案。每一個策略執行主題都需要一套相互協調配合的策略行動方案的支持。策略在此時已經轉化為應該採取的行動，已變得更加務實而具體。所有要採取的行動方案，便成為制定執行目標的依據。

繪製策略地圖也需要採用研討會的形式，這個過程同樣需要擴大中、高層的參與度。策略地圖的繪製將強化各部門對客戶價值的理解，讓「如何實現客戶價值」不單單只是口號，還要深入人心。繪製策略地圖的討論，不僅降低了部門間的溝通成本，為協調各部門目標打下基礎，同時，也確保各部門充分理解即將承擔的目標。而且，在此過程中，各部

門還需要繪製本部門的策略地圖，針對如何實現即將承擔的目標，制定切實可行的工作計畫。如此一來，從整體到部門的執行重點都已經釐清，也為後續關鍵績效指標體系的設計做好了鋪陳。

所繪製的策略地圖，見圖 10.4。

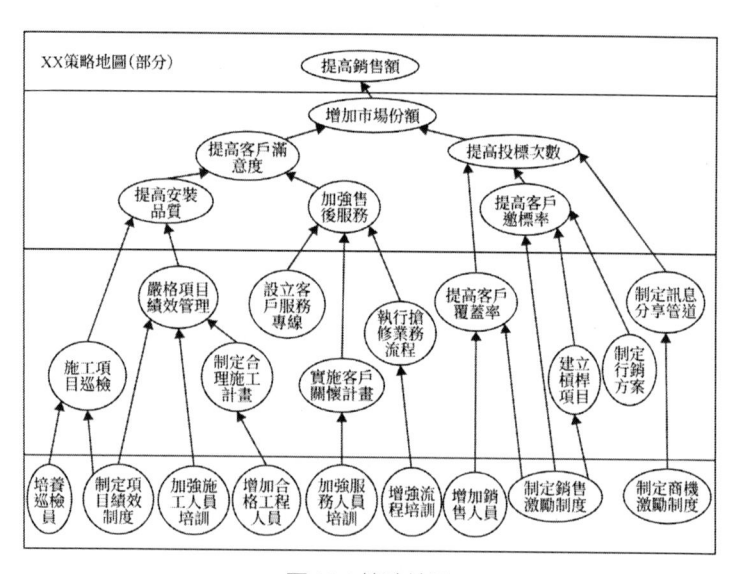

圖 10.4 策略地圖

第三步，制定考核系統。

根據企業及部門的策略地圖，確定企業及部門的經營目標及績效考核指標，並制定落實到個人的績效考核指標。以企業策略地圖為源頭的關鍵績效指標網路，將策略執行的目標層層分解和落實到每個職位，同時將員工的工作價值透過績效合約

的方式進行約定和衡量,達成「萬眾一心」的管理效果。

在此階段需要注意的是經營目標的分解不變形、不走樣。具體操作上,要注意目標在縱向上的承接性,保證上下級目標之間的一致,不能出現前文所說,採購經理以降低採購成本為目標,與總經理的目標背離,使得總經理針對提高原材料採購品質之要求落為空談。其次要注意目標在橫向上的協調性,即保證部門目標之間的協調配合,消除部門本位主義傾向。每個部門不應只重視上級的工作要求,而不理會其他部門的工作配合需求。如此一來,才能在機制上達成高效協調的管理目的。

價值創造是績效考核的出發點,也是歸屬點。職位績效考核的目的是激勵全員實現企業經營目標,這是第一目的。第二目的是根據個人價值創造的大小來實施績效回報,也就是俗稱「分錢」。如果某個職位的價值創造差異不大,或是價值創造難以被衡量或衡量成本過高,則績效考核可以採取更簡單的方法,沒有必要制定規範的績效合約。績效考核有極大的隱性成本,不是每個職位都需要進行規範的考核。收益 / 成本比率過低,是沒有考核必要的。能夠從簡的,可以從簡。

制定績效合約,可參照圖 10.5。

第四部分　用新平衡計分卡建立策略執行平臺

圖 10.5 職位績效合約

XX 職位績效合約									
A. 績效目標（A） （總權重 A'＝80%）	權重	單位	目標值	挑戰值	實際值	執行結果評分			
^^^	^^^	^^^	^^^	^^^	^^^	1	2	3	小計
1. 主營業務銷售收入	25%	萬元	15760	18200					
2. 新產品銷售收入	25%	萬元	3500	4600					
3. 新產品投標次數	15%	次	320	400					
4. 舊產品得標率	15%	%	48	55					
5. 客戶滿意度	10%	分	80	90					
6. 部門人均培訓時間	10%	小時	9	12					
B. 工作目標（B） （總權重 B'＝30%）	權重	工作目標完成情況（由評估人根據實際情況填寫）		自評			主管評鑑			小計
^^^	^^^	^^^	^^^	1	2	3	1	2	3	^^^
1. 部門團隊建設情況	40%									

222

XX 職位績效合約										
2.部門之間溝通協調情況	30%									
3.工作責任心和態度	30%									
績效總分 (A*A'+B*B')		綜合評述意見：								

第四步，建立管理流程。

上述三步都是在顧問的密切指導下進行，但企業離開顧問後怎麼辦？這是必須考慮的問題。我們以「5 步二十法」為基礎，透過建立適宜於客戶實際情況的流程制度，幫助客戶建立一套從策略更新到執行管理的完善流程，以固化管理系統，傳遞管理方法。這套體系以年度經營目標的制定和執行為核心，透過連貫的 5 步，讓企業抓住管理的主線。

管理流程總覽,見圖10.6。

流程描述	第一步:確立經營目標	第二步:制定計畫預算	第三步:落實業績責任	第四步:控制執行過程	第五步:貫徹績效回報
時間線	12月第1、2周	12月第3、4周	1月第1、2周	4、7、10、1月的第1、2周	1月第3、4周
總經理	提出要求 → 確立年度經營目標			提供控制措施	批准回報方案
總經理辦公室	進行經營分析	分解經營目標 → 提出意見	提出意見	檢查目標實現	評估業績
各業務部門		分析可行性 → 制定計畫預算	制定部門績效計畫 → 制定個人績效計畫	執行	落實執行
計畫財務部	提供數據	提供協助		提供數據	提供數據 → 落實回報
人事行政部			提供協助 提供協助	提供數據	提供數據 → 落實回報

圖 10.6 管理流程總攬

這樣透過一連串的方案設計工作,針對客戶從策略制定到落地執行的關鍵環節,制定系統性的解決方案。

專題解決方案,加強行銷管理

銷售是企業的命脈,往往也是管理的盲點。企業的快速成長需要狼一般的銷售團隊去開拓市場,但當企業成長到一定階段,就需要用規範化的管理來保證成長的可持續性。這時,沒有明確規範的銷售團隊又成了管理改革的難題,如何既能保證銷售團隊的活力,又能建立內部管理的規範性,這是許多成長性企業必須跨越的鴻溝。

在銷售管理上，客戶反映的明顯問題是：銷售團隊的能力參差不齊，資深業務員居功自傲，以客戶資源為籌碼與企業討價還價，且經常觸犯企業制度，新進銷售人員能力成長緩慢，流動性高，對企業牢騷滿腹。銷售團隊中有不少人出走單飛，現有部分資深銷售人員也蠢蠢欲動。並且，銷售與其他部門，特別是工程部的配合成本很高，出走單飛的還不斷拉攏核心員工加盟，弄得人心惶惶。

針對客戶提出的管理訴求，提供從銷售模式設計、銷售目標制定、銷售過程控制到銷售人員激勵等一套系統的管理診斷。透過銷售一線的實地調查，與銷售人員大範圍且深入地溝通交流，並結合公司其他部門管理人員的意見，我們認為造成目前管理困局的主要原因集中在以下四點：

一、銷售模式不清晰，原本是獨立銷售模式，業務員自己跑業務，試圖推行的區域銷售模式非常粗糙，而且兩種模式並存，造成業務員很困惑。

二、沒有明確、規範的銷售目標系統，只有年初業務員大致評估自己的年度銷售目標，未形成有約束力的業績合約，且銷售提成方法混亂，銷售提成兌現也非常落後。

三、管理控制系統很粗放，銷售人員出差管理、會議管理、合約管理、技能培訓等多方面都欠缺或不成系統，沒有一套「傳、幫、帶」的銷售管理制度和激勵機制。

四、銷售人員的職責有缺漏，只管出單不管做單，對安裝服務未盡到與客戶的溝通協調責任，造成經常性的內部糾紛，導致施工成本的大幅增加。

針對以上癥結點，我們進行了一連串的方案設計，以幫助客戶在根本上解決銷售管理問題，為建立強大的銷售團隊打下基礎。

首先，定軍心，建立穩健的區域銷售模式。

考慮到客戶已經擁有了一定的品牌信譽，業務範圍遍及全國，行業競爭進入成熟期，需要透過精耕穩定市場，同時，新銷售人員變動大，需要資深業務做好傳承，以提高團隊的銷售能力，因此我們著力於幫助客戶優化和固化區域銷售模式，對於過往的遺留問題，如獨立銷售人員，則徹底收尾，統一納入區域管理。具體操作上，需要注意以下三點：

一、銷售層級設定不超過三級，銷售總經理統管各區域的銷售，區域總監下轄業務經理，精耕所劃分的市場，提高反應速度，降低管理成本。

二、區域總監必須授予一定的管理許可權，如定價權、人事任免權、資金審批權等，保證區域業務的靈活發展，同時，大區總監的業績提成直接連結業務員的業績。

三、設立銷售助理，輔助區域總監發展銷售管理和支持工作，同時做好各區域與內部各部門之間的溝通、協調工

作,如:應收帳款的管理、培訓的安排、客戶資訊、競爭資訊的收集整理等。

其次,要健全和強化銷售目標管理。

根據發展策略的要求,以及客戶應收款較多且帳齡偏長的現狀,銷售目標考核主要集中在三個關鍵績效指標上:營業收入,新業務營業收入及應收帳款回收。每項指標設定目標值和挑戰值,確保成長底線,同時鼓勵多勞多得,比如,完成挑戰值的提成點數會是完成目標值的 1.5 倍。

銷售目標需要與企業策略目標保持一致,進行各級的分解、確認和承諾。各區域銷售總監對銷售總目標按產品和時間進行分解,綜合考慮全區域的銷售業績、客戶資源、競爭程度及人員素養等條件,透過從上至下、由下而上的溝通,最終確認區域各業務員的銷售目標。

各區域銷售總監對區域業績負責,各銷售人員對本人業績負責。在目標確認的過程中,雖然客戶基本完成了分解,但由於區域不同、人員不同,往往會有歧異。我們制定了兩種解決方法:一是加入成長係數,即目標值較上年實際值成長越多,實際提成越多;二是加入地區係數,即根據各個區域的競爭情況,確定地區補償係數,競爭強度高的係數就高,反之就低。

銷售助理整理彙總銷售目標,並定期公布銷售目標完成進度。根據完成進度,按月、按季進行區域銷售會議或全體

銷售會議，即時分析問題，尋找解決方案以保證目標達成。另外，銷售業績提成以預提方式，到年終再進行總決算。

最後，要注重銷售過程管理，確保最終業績達成。

銷售活動有自身特點，對於銷售的過程管理要張弛有度，即把握重點，充分放權。銷售過程不單是控制，更重要的是發揮銷售人員的主觀能動性，企業只需要在關鍵點上把握好，就能小投入、大產出。其中有四個要點：

一、銷售計畫。銷售計畫是三級計畫系統，即企業年度行銷計畫、區域季度銷售計畫和個人月度銷售計畫，計畫制定的依據是各級的銷售目標。

各級銷售計畫指導了具體銷售活動的發展，如出差須以銷售計畫為依據，不在計畫之內的出行將不予以審批。

二、銷售彙報。銷售彙報是銷售人員對銷售活動的回饋和總結，主要包含了客戶資訊回饋、銷售商機報告、競爭對手情況、重要銷售問題的解決意向等。業務員所提供的銷售報告（銷售月報及銷售週報）將作為銷售過程考核的重要依據。

三、合約管理。合約管理主要是對合約履行情況的跟進，主要包括後續款項的落實，安裝服務的正常發展及客戶回饋的即時回應。

四、專案管理。明訂銷售人員在專案施工過程中的職責，督促銷售人員做好施工條件的確認和施工額外費用的控

制等,結果的好壞與銷售人員的業績提成互相連動。

透過以上的方案設計,將企業的銷售目標落到了實處,同時梳理和規範了銷售的關鍵流程,確定了銷售過程的關鍵控制點,保證銷售活動的可控和高效。從專案實施效果而言,健全的銷售模式穩定了銷售人員忠誠度,規範的業績提成制度提高中層及基層銷售人員的工作積極性,提升執行效率讓使用者帶來更優質的服務體驗。

總體諮商成效

客戶的諮商專案,是從策略規劃到落實的完整全案諮商,主要工作包含了管理診斷、策略定位、策略規劃、流程優化、行銷管理、績效以及薪酬管理等方面。我們不僅在技術上為客戶的管理提升提供方案,同時還在邏輯上為客戶的創新改革提供有力的支撐。我們提供了從管理技術到心態信念等方面的一系列培訓,如策略規劃、平衡計分卡應用、流程管理、客戶邏輯等。另外,針對客戶的現狀,我們還組織實施了中高層人員的懇談會等活動。這些培訓和活動,提高了客戶管理人員的技能,加強了企業的凝聚力,收穫了報告之外的價值。

依結果而論,諮商的成效是明顯的,客戶連續三年獲得超過 40% 的銷售成長率。本諮商專案於 2012 年 8 月被主管機關評定為優秀管理諮商專案。

第四部分　用新平衡計分卡建立策略執行平臺

後記

對平衡計分卡的興趣始於 1997 年在中歐國際工商學院讀 MBA 之時，記得當時還在全班做了一個演示，向同學介紹研習平衡計分卡的心得。畢業後投入職場，不管是在聯想集團還是在摩托羅拉，都能感受到平衡計分卡對企業的滲透力及其所帶來的巨大影響。之後，從事企業管理諮商和培訓工作，平衡計分卡就更是一個絕對重要的話題。

然後，煩惱也因此而生。

平衡計分卡是偉大的，不過將之投入實際工作，各種問題卻是接踵而至。於是乎，一發而不可收拾，陷入了研究如何簡單而有效地應用平衡計分卡的「牛角尖」。同時，回過頭來，又對如何正確理解平衡計分卡產生了更多思考。不能正確理解，也就不能正確應用。實踐必須得到理論高度的支持，才能不再迷茫。

這是一項「苦差事」，不討好，也不叫座，但是卻能獲得只有自己才能享受的樂趣，點點滴滴的心得體會，都化為不斷前行的動力。寫一本關於平衡計分卡的書，是一個由來已久的想法。不過像平衡計分卡這樣一個龐大的系統，涉及策略、行銷、組織、流程、績效、企業文化等各方面，想要了

後記

卻心願,則必須要有時間的磨礪和思考的成熟。

　　一晃這麼多年過去了,這本書算是深思熟慮的結果,但依然不能保證沒有遺憾。好在我的想法是,提出自己獨立的見解和應用方法,為廣大的平衡計分卡愛好者和實踐者,提供思考問題的新角度和解決問題的新方法。所以,也就不管那麼多了。

聞毅

附錄 1 從策略到執行（內訓課程）

從策略到執行	解決的問題
經營策略規畫與創新	什麼是策略？什麼是商業模式？為什麼要談論策略？ 什麼是促進成長的策略邏輯和決策模式？ 如何在競爭之中另闢蹊徑？如何確定客戶價值主張？ 如何不戰而勝，獲取可持續的經營利潤？ 打破遊戲規則，圍繞商業模式進行策略創新！
目標與職務績效管理 （五步 20 法策略執行管理）	建立以客戶價值為出發點的經營目標體系。 學習制定內部協調一致的部門工作目標和計畫。 落實職務績效計畫，學習制定 KPI。 學習管理流程，建立管理平臺，打造組織能力。
流程優化與組織設計	學習點對點流程建構方法。 學習流程設計的關鍵成功因素和控制點。 掌握流程設計工具，學習繪製流程圖。 掌握流程規範的四個槓桿和流程優化的四個槓桿。 理解流程與組織、績效的關係，建立流程型組織。

附錄 2 NLP 工具化領導力突破（內訓課程）

NLP 工具化 領導力突破	解決的問題
卓越執行長 執行模式	梳理思考格局，學習責任管理的雙線法則。 打造思考清晰度，學習責任管理的重力和推力。 掌握員工身分及管理員的信念系統。 建立組織的清晰度，建構簡單高效率的組織系統。 學習領導智慧，實現權變激勵、權變領導等技能。
卓越經理人修練	學習溝通技巧，學習妥協的智慧與衝突管理。 鍛鍊思考清晰度，學習責任管理的重力及推力。 釐清管理的邏輯本源，建立一對多的文化領導力。 學習如何建立領導者的必須特質——威信。 學習領導力五力模型，有方向地提高領導力。
卓越經理人密碼	了解自我、洞察他人，端正心態，建立領導人意識。 釐清邏輯，凝聚力量，學會區分，累積智慧。 解讀尊嚴、價值、責任、信任、忠誠等關鍵詞。 塑造員工信念及價值觀，建立大我的職業心態。 增強團隊凝聚力和內部溝通，打造高績效團隊。

國家圖書館出版品預行編目資料

運用平衡計分卡建構高效執行平臺：財務 × 客戶 × 流程 × 成長，全方位解析平衡計分卡，掌握策略執行的關鍵 / 聞毅 著 . -- 第一版 . -- 臺北市 : 財經錢線文化事業有限公司 , 2024.08
面 ; 公分
POD 版
ISBN 978-957-680-947-7(平裝)
1.CST: 企業管理評鑑 2.CST: 策略管理 3.CST: 績效管理
494.01　　113011056

電子書購買

爽讀 APP

運用平衡計分卡建構高效執行平臺：財務 × 客戶 × 流程 × 成長，全方位解析平衡計分卡，掌握策略執行的關鍵

臉書

作　　者：聞毅
發 行 人：黃振庭
出 版 者：財經錢線文化事業有限公司
發 行 者：財經錢線文化事業有限公司
E - m a i l：sonbookservice@gmail.com
粉 絲 頁：https://www.facebook.com/sonbookss/
網　　址：https://sonbook.net/
地　　址：台北市中正區重慶南路一段 61 號 8 樓
8F., No.61, Sec. 1, Chongqing S. Rd., Zhongzheng Dist., Taipei City 100, Taiwan
電　　話：(02) 2370-3310　　傳　　真：(02) 2388-1990
印　　刷：京峯數位服務有限公司
律師顧問：廣華律師事務所 張珮琦律師

-版權聲明-

本書版權為文海容舟文化藝術有限公司所有授權財經錢線文化事業有限公司獨家發行電子書及繁體書繁體字版。若有其他相關權利及授權需求請與本公司聯繫。
未經書面許可，不可複製、發行。

定　　價：330 元
發行日期：2024 年 08 月第一版
◎本書以 POD 印製
Design Assets from Freepik.com